Terrae Motus 1

Questa pubblicazione è stata sponsorizzata da
MARIO VALENTINO
Napoli

This publication has been sponsored by
MARIO VALENTINO
Naples

Fondazione Amelio

Terrae Motus

Electa Napoli

Electa Napoli

Hanno collaborato a questo volume:

Redazione:

Silvia Cassani

Impaginazione:

Carlo D'Agostino
Luigi Solimene

Stampato in Italia
© Copyright 1984 by Fondazione Amelio - Electa Napoli
Tutti i diritti riservati

Fondazione Amelio
Istituto per l'Arte Contemporanea

Terrae Motus
Villa Campolieto - Ercolano
6 luglio - 31 dicembre 1984

Carlo Alfano
Siegfried Anzinger
Miquel Barceló
Joseph Beuys
James Brown
Tony Cragg
Ronnie Cutrone
Keith Haring
Anselm Kiefer
Richard Long
Nino Longobardi
Robert Mapplethorpe
Mario Merz
Oswald Oberhuber
Mimmo Paladino
A.R. Penck
Gianni Pisani
Michelangelo Pistoletto
Gerhard Richter
Julião Sarmento
Julian Schnabel
Ernesto Tatafiore
Cy Twombly
Andy Warhol
Bill Woodrow

Curatori della mostra
Michele Bonuomo
Diego Cortez

Coordinamento generale
Alex Simotas

Segreteria
Paola Colacurcio

Organizzazione tecnica
Corrado Teano

Assistenza
Ciro Galizia

Catalogo a cura di
Michele Bonuomo

Coordinamento editoriale
Lavinia Brancaccio

Traduttori
Bruno Arpaia
Diego Cortez
Maria Grazia D'Eboli
Hilary McCann
Alex Simotas

Allestimento generale
Paolo Romanello

Ufficio Stampa
Giuliana Gargiulo

Responsabile in mostra
Gea Evangelisti

Desideriamo esprimere la nostra viva gratitudine soprattutto agli artisti, che con il loro generoso contributo di opere hanno creato i presupposti indispensabili per la realizzazione di questa collezione. La nostra gratitudine a Pietro Lezzi e a Paolo Romanello, Presidente e Direttore dell'*Ente per le Ville Vesuviane*, per aver voluto ospitare la collezione *Terrae Motus* a Villa Campolieto.

Un particolare ringraziamento a Giulio Carlo Argan, Giuseppe Galasso, ai curatori ed agli autori dei testi per la preziosa collaborazione, le numerose idee e suggerimenti di grandissima utilità per la formulazione del progetto.

L'Institute of Contemporary Art di Boston ci ha offerto la possibilità di esporre in quella sede alcune opere della collezione *Terrae Motus* dal settembre 1983 all'aprile 1984. Siamo grati al Direttore, David Ross, ai curatori, Elisabeth Sussman e David Joslit, ed agli altri collaboratori dell'I.C.A. per il loro fondamentale lavoro.

Ringraziamo per la valida collaborazione le gallerie Anthony D'Offay, Londra; Ursula Krinzinger, Innsbruck; Lisson, Londra; Locus Solus, Genova; Emilio Mazzoli, Modena; Nächst St. Stephan, Vienna; Pace, New York; Giorgio Persano, Torino; Tucci Russo, Torino; Tony Shafrazi, New York; Michael Werner, Colonia.

Un ringraziamento, infine, al Banco di Napoli ed al quotidiano «Il Mattino» di Napoli per aver contribuito alla realizzazione di *Terrae Motus*, ed a Mario Valentino, per aver generosamente sponsorizzato questa pubblicazione.

We would like to acknowledge the generous effort of the artists whose contribution of works created the basis for the realization of this collection. Our gratitude to Pietro Lezzi and Paolo Romanello, President and Director of the *Ente per le Ville Vesuviane*, for having housed the collection *Terrae Motus* at Villa Campolieto.

A special thanks to Giulio Carlo Argan, Giuseppe Galasso, the curators, and the authors of the texts, for their precious collaboration and their many ideas and suggestions, indispensible in the formulization of this project.

The Institute of Contemporary Art in Boston gave us the opportunity to exhibit part of the *Terrae Motus* collection in their galleries from September, 1983, to April, 1984. We would like to thank the Director, David Ross, curators Elisabeth Sussman and David Joslit, and all of the staff of the I.C.A. for their dedicated work.

Many thanks also to the following galleries for their valid collaboration: Anthony D'Offay, London; Ursula Krinzinger, Innsbruck; Locus Solus, Genoa; Emilio Mazzoli, Modena; Nächst St. Stephan, Vienna; Pace, New York; Giorgio Persano, Turin; Tucci Russo, Turin; Tony Shafrazi, New York and Michael Werner, Cologne.

Finally, we especially thank the Banco di Napoli and the newspaper «Il Mattino» for their support, as well as Mario Valentino, who generously sponsored this publication.

Questa pubblicazione è dedicata a Peppino Di Bennardo

Sommario / Summary

8	Indice delle illustrazioni / List of illustrations
13	Michele Bonuomo
17	Giulio Carlo Argan
20	Giuseppe Galasso
24	Joseph Beuys
28	Lucio Amelio e Achille Bonito Oliva
33	Carlo Alfano, *Michele Bonuomo*
37	Siegfried Anzinger, *Peter Weiermair*
41	Miquel Barceló, *Helena Vasconcelos*
49	Joseph Beuys, *Michele Bonuomo*
57	James Brown, *David Robbins*
65	Tony Cragg, *Laura Cherubini e Barbara Tosi*
69	Ronnie Cutrone, *Francesco Durante*
73	Keith Haring, *David Robbins*
81	Anselm Kiefer, *Bernard Blistène*
89	Richard Long, *Bruno Corà*
93	Nino Longobardi, *Barbara Rose*
101	Robert Mapplethorpe, *Diego Cortez*
109	Mario Merz, *Bruno Corà*
117	Oswald Oberhuber, *Peter Weiermair*
121	Mimmo Paladino, *Michele Bonuomo*
129	A.R. Penck
133	Gianni Pisani, *Felice Piemontese*
137	Michelangelo Pistoletto, *Sebastiano Vassalli*
145	Gerhard Richter, *Bruno Corà*
149	Julião Sarmento, *Cerveira Pinto*
153	Julian Schnabel, *Diego Cortez*
161	Ernesto Tatafiore, *Fabrizia Ramondino*
169	Cy Twombly, *Michele Bonuomo*
177	Andy Warhol, *Duncan Smith*
185	Bill Woodrow, *Michael Newman*
191	Bibliografia / Bibliography

Indice delle illustrazioni / List of illustrations

In copertina e sul retro:
Villa Campolieto, particolari di affreschi
foto di Mimmo Jodice

1. Villa Campolieto
   foto di Felice Biasco
2. L'eruzione del Vesuvio, 26 Aprile 1872, ore 5 p.m.
   foto di Giorgio Sommer
3. Calco pompeiano in gesso
   Museo Archeologico, Napoli
   foto Brogi
4. Luca Giordano
   San Gennaro intercede presso la Vergine, Cristo e il Padre Eterno per la peste del 1656, particolare, olio su tela, cm. 400 x 315
   Chiesa di S. Maria del Pianto, Napoli
5. Joseph Beuys
   Terremoto in Palazzo, 1981
   matita su carta, cm. 29,5 x 21
   Fondazione Amelio
   Istituto per l'Arte Contemporanea
6. Monsù Desiderio (Françoise de Nomé)
   Incendio e rovine, 1623
   olio su tela, cm. 75 x 98
   collezione privata, Basilea

Carlo Alfano
(1932, Napoli, Italia)

7. Eco-Discesa (luce-nero), 1981
   acquarello e grafite su pergamena e pellicola, cm. 50 x 40
   Fondazione Amelio
   Istituto per l'Arte Contemporanea
   foto di Nicola Graziani
8. Eco-Discesa, 1981
   tecnica mista su tela, cm. 220 x 200
   Fondazione Amelio
   Istituto per l'Arte Contemporanea
   foto di Nicola Graziani
9. Studio per Narciso, 1981
   grafite su pergamena, cm. 50 x 32
   proprietà dell'artista

Siegfried Anzinger
(1953, Weyer, Austria)

10. Senza titolo, 1981
    acrilico su tela
    cm. 210 x 270
    proprietà privata D.K., Basilea
11. Erdbeben (Terremoto), 1982
    olio su tela cm. 290 x 200
    Fondazione Amelio
    Istituto per l'Arte Contemporanea
    foto di Nicola Graziani
12. Richard Gerstl (1883-1908)
    Autoritratto sorridente
    Oesterreichische Galerie, Vienna

Miquel Barceló
(1957, Felanitx, Spagna)

13. Senza titolo, 1983
    tecnica mista su carta, cm. 50 x 35,5
    collezione privata, Napoli
14. Senza titolo, 1983
    tecnica mista su carta, cm. 50 x 35,5
    collezione privata, Napoli
15. L'Ombra che trema, 1983
    tecnica mista su carta, cm. 300 x 591
    Fondazione Amelio
    Istituto per l'Arte Contemporanea
    foto di Nicola Graziani
16. Senza titolo, 1983
    tecnica mista su carta, cm. 50 x 35,5
    collezione privata, Napoli
17. Senza titolo, 1983
    tecnica mista su carta, cm. 50 x 35,5
    collezione privata, Napoli
18. Furor penellis, 1983
    tecnica mista su tela, cm. 255 x 198
    collezione privata, Napoli
    foto di Nicola Graziani

Joseph Beuys
(1921, Kleve, RFT)

19. Terremoto in Palazzo, particolare, 1981
    ambiente
    Fondazione Amelio
    Istituto per l'Arte Contemporanea
    foto di Mimmo Jodice
20. Terremoto in Palazzo, particolare, 1981
    ambiente
    Fondazione Amelio
    Istituto per l'Arte Contemporanea
    foto di Mimmo Jodice
21. Terremoto in Palazzo, particolare, 1981
    ambiente
    Fondazione Amelio
    Istituto per l'Arte Contemporanea
    foto di Mimmo Jodice
22-25. Terremoto in Palazzo, particolare
    matita su nastro di elettrocardiogramma; realizzato da Joseph Beuys durante l'azione del 1981 a Napoli
    Fondazione Amelio
    Istituto per l'Arte Contemporanea
26. Der Schwamm (La spugna), 1948-1968
    matita e Braunkreuz su carta, cm. 29,5 x 21
    collezione privata, Londra

James Brown
(1951, Los Angeles, USA)

27. Senza titolo, 1983
    matita e pastello su carta, cm. 76 x 56
    collezione privata, Napoli
28-30. Neapolitan Tryptich, 1983
    smalto su tela, 3 tele di cm. 270 x 200 ognuna
    Fondazione Amelio
    Istituto per l'Arte Contemporanea
    foto di Claudio Garofalo
31. Senza titolo, 1983
    matita e pastello su carta, cm. 76 x 56
    collezione privata, Napoli
32. Senza titolo, 1983
    matita e pastello su carta, cm. 76 x 56
    collezione privata, Napoli
33. Hula Rattles, 1983
    olio su tela, cm. 243 x 180
    collezione privata, Napoli

Tony Cragg
(1949, Liverpool, GB)

34. Senza titolo, 1983
    lava e legno, cm. 200 x 80 x 100
    collezione privata, Napoli
    foto di Nicola Graziani
35. Silent garden, 1983
    materiali diversi, cm. 450 x 400
    Fondazione Amelio
    Istituto per l'Arte Contemporanea
    foto di Nicola Graziani
    Moonshadow, 1983
    materiali diversi, cm. 220 x 280
    Fondazione Amelio
    Istituto per l'Arte Contemporanea
    foto di Nicola Graziani
36. Snow Field, 1981
    cartone ritagliato
    collezione privata, Napoli

Ronnie Cutrone
(1948, New York, USA)

37-39. You run to the sea, the sea will be boiling - You run to the rocks, the rocks will be melting, 1983
    acrilico su bandiera napoletana
    3 tele di cm. 100 x 152 ognuna
    Fondazione Amelio
    Istituto per l'Arte Contemporanea
40. Senza titolo, 1981
    acrilico su tela, cm. 168 x 242
    Fondazione Amelio
    Istituto per l'Arte Contemporanea
    foto di Nicola Graziani

Keith Haring
(1958, Kurztown, USA)

41. Senza titolo, 1983
    acrilico su carta, cm. 47 x 33
    collezione privata, Napoli
42. Senza titolo, 1983
    acrilico su tela, cm. 290 x 590
    Fondazione Amelio
    Istituto per l'Arte Contemporanea
    foto di Nicola Graziani
43. Senza titolo, 1983
    acrilico su carta, cm. 47 x 33
    collezione privata, Napoli
44. Senza titolo, 1983
    acrilico su carta, cm. 47 x 33
    collezione privata, Napoli
45. Senza titolo, 1983
    acrilico su ceramica, altezza cm. 100 diametro cm. 60
    foto di Nicola Graziani

Anselm Kiefer
(1945, Donaueschingen, RDT)

46. Senza titolo, libro, 1983
    tecnica mista su carta, cm. 40 x 60
    proprietà dell'artista
47. Senza titolo, libro, 1983
    tecnica mista su carta, cm. 40 x 60
    proprietà dell'artista
48. Et la terre tremble encore, d'avoir vu la fuite des géants..., 1982
    olio e pietra su tela, cm. 170 x 130
    Fondazione Amelio
    Istituto per l'Arte Contemporanea
49. Senza titolo, libro, 1983
    tecnica mista su carta, cm. 40 x 60
    proprietà dell'artista
50. Senza titolo, libro, 1983
    tecnica mista su carta, cm. 40 x 60
    proprietà dell'artista
51. Senza titolo, libro, 1983
    tecnica mista su carta, cm. 40 x 60
    proprietà dell'artista
52. Senza titolo, libro, 1983
    tecnica mista su carta, cm. 40 x 60
    proprietà dell'artista
53. Senza titolo, libro, 1983
    tecnica mista su carta, cm. 40 x 60
    proprietà dell'artista

Richard Long
(1945, Bristol, GB)

54. Napoli circles, 1984
    pietre di lava, diametro cm. 300
    proprietà dell'artista
    foto di Nicola Graziani
55. Vesuvius circle, 1984
    52 pietre di lava, diametro cm. 220
    Fondazione Amelio
    Istituto per l'Arte Contemporanea
    foto di Nicola Graziani
56. Mud hand circles, 1984
    fango su muro, diametro cm. 350
    proprietà dell'artista
    foto di Nicola Graziani

Nino Longobardi
(1953, Napoli, Italia)

57-58. Terremoto, 1980
    olio su 8 tele, cm. 350 x 1700 (totale)
    proprietà dell'artista
    foto di Maria Benelli
    L'opera riprodotta nelle due foto è stata eseguita ed esposta a Napoli da Nino Longobardi nel Novembre 1980, durante i giorni del terremoto.
59. Senza titolo, 1983
    tecnica mista su tela, cm. 203 x 522
    Fondazione Amelio
    Istituto per l'Arte Contemporanea
60. Senza titolo, 26 Novembre 1980
    matita su carta, cm. 30 x 40
    Fondazione Amelio
    Istituto per l'Arte Contemporanea
61. Senza titolo, 26 Novembre 1980
    matita su carta, cm. 30 x 36,5
    Fondazione Amelio
    Istituto per l'Arte Contemporanea
62. Autoritratto terremoto, 1980
    tecnica mista su tela, cm. 78 x 116
    collezione privata, Napoli
    foto di Nicola Graziani

Robert Mapplethorpe
(1946, Long Island, USA)

63. Autoritratto, 1983
    fotografia in B/N, cm. 37,5 x 49
    collezione privata, Napoli

64. Dennis Speight with thorus, 1983
   fotografia in B/N, cm. 76 x 86,36
   Fondazione Amelio
   Istituto per l'Arte Contemporanea
65. Jack with crown, 1983
   fotografia in B/N
   Fondazione Amelio
   Istituto per l'Arte Contemporanea
66. Scull and crossbones, 1983
   fotografia in B/N
   Fondazione Amelio
   Istituto per l'Arte Contemporanea
67. Jill Chapman, 1983
   fotografia in B/N
   Fondazione Amelio
   Istituto per l'Arte Contemporanea
68. Dennis Speight with flowers, 1983
   fotografia in B/N
   Fondazione Amelio
   Istituto per l'Arte Contemporanea

Mario Merz
(1925, Milano, Italia)

69. Terrae Motus, in quel tempo..., 1984
   tecnica mista su tela e numeri in neon,
   cm. 300 x 600
   Fondazione Amelio
   Istituto per l'Arte Contemporanea
70. Ipogeo, 1981
   materiali diversi e neon, cm. 60 x 60 x 40
   collezione privata, Napoli
   foto di Maria Benelli
71. Senza titolo, particolare, 1976
   installazione a Villa Pignatelli, Napoli
   proprietà dell'artista
   foto di Maria Benelli
72. Vento preistorico dalle montagne gelate, 1981
   installazione
   collezione privata, Napoli
   foto di Maria Benelli

Oswald Oberhuber
(1931, Merano, Italia)

73. Senza titolo, 1983
   tecnica mista su tela, cm. 310 x 380
   Fondazione Amelio
   Istituto per l'Arte Contemporanea
   foto di Nicola Graziani
74. Senza titolo, 1984
   matita su carta, cm. 23 x 32
   Fondazione Amelio
   Istituto per l'Arte Contemporanea

Mimmo Paladino
(1948, Paduli, Benevento, Italia)

75. Senza titolo, 1979-1984
   tecnica mista su carta, cm. 24 x 32
   Fondazione Amelio
   Istituto per l'Arte Contemporanea
76. Senza titolo, 1979-1984
   tecnica mista su carta, cm. 24 x 32
   Fondazione Amelio
   Istituto per l'Arte Contemporanea
77. Re uccisi al decadere della forza, 1981
   pastello e matita su carta intelata,
   cm. 277 x 750
   Fondazione Amelio
   Istituto per l'Arte Contemporanea
78. Senza titolo, 1984
   tecnica mista su carta, cm. 24 x 32
   Fondazione Amelio
   Istituto per l'Arte Contemporanea
79. Senza titolo, 1984
   tecnica mista su carta, cm. 24 x 32
   Fondazione Amelio
   Istituto per l'Arte Contemporanea
80. Senza titolo, 1981
   tecnica mista su cartone, cm. 77 x 55,5
   collezione privata, Napoli

A.R. Penck
(1939, Dresda, RDT)

81. Erdbeben im Bierkeller I, 1982
   acrilico su tela, cm. 150 x 280
   Fondazione Amelio
   Istituto per l'Arte Contemporanea
82. Erdbeben im Bierkeller II, 1982
   acrilico su tela, cm. 150 x 280
   Fondazione Amelio
   Istituto per l'Arte Contemporanea
83. Senza titolo, 1982
   pastelli colorati su carta, cm. 29,5 x 21
   collezione privata, Napoli

Gianni Pisani
(1935, Napoli, Italia)

84. La credenza, 1964
   assemblage, cm. 163 x 240 x 54
   Fondazione Amelio
   Istituto per l'Arte Contemporanea
   foto di Mimmo Jodice
85. Il letto, 1963
   assemblage, cm. 120 x 210 x 155
   Fondazione Amelio
   Istituto per l'Arte Contemporanea
   foto di Mimmo Jodice
86. La distruzione della bara, 1973
   proprietà dell'artista
   foto di Mimmo Jodice

Michelangelo Pistoletto
(1933, Biella, Italia)

87-88. Annunciazione Terrae Motus, 1962-1984
   serigrafia su acciaio inox lucidato a specchio dittico, cm. 250 x 250
   Fondazione Amelio
   Istituto per l'Arte Contemporanea
   foto di Paolo Pellion di Persano
89. Teste rosse, 1984
   particolare del marmo in lavorazione
   collezione privata, Torino
   foto di Benvenuto Saba
90. Mobili capovolti, 1976
   installazione
   proprietà dell'artista
   foto di Paolo Pellion di Persano
91. Mobili capovolti (poltrona), 1976
   collezione privata, Napoli
   foto di Paolo Pellion di Persano
92. Teste Rosse, 1984
   marmo dipinto, cm. 200 x 200 x 180
   collezione privata, Torino
   foto di Paolo Pellion di Persano

Gerhard Richter
(1932, Waltersdorf, RFT)

93. Static, 1982
   olio su tela, cm. 200 x 320
   Fondazione Amelio
   Istituto per l'Arte Contemporanea
   foto di Nicola Graziani
94. Zwei Kerzen (due candele), 1982
   olio su tela, cm. 124 x 99
   Fondazione Amelio
   Istituto per l'Arte Contemporanea
   foto di Nicola Graziani

Julião Sarmento
(1948, Lisbona, Portogallo)

95. Terremoto, 1983
   acrilico e collage su carta, cm. 250 x 320
   Fondazione Amelio
   Istituto per l'Arte Contemporanea
96. White nights, 1982
   acrilico e collage su carta, cm. 197 x 197
   proprietà dell'artista

Julian Schnabel
(1951, New York, USA)

97. Sacra Sindone
   Reale Cappella della SS. Sindone,
   Cattedrale di Torino
98. Veronica's Veil, 1984
   olio e pelli di animali su velluto blu,
   cm. 275 x 305
   Fondazione Amelio
   Istituto per l'Arte Contemporanea
   foto di Beth Phillips
99. Senza titolo
   scultura di legno dipinto
   proprietà dell'artista
   foto di Zindman/Fremont
100. Senza titolo, particolare
   scultura di legno dipinto
   proprietà dell'artista
   foto di Zindman/Fremont
101. Veronica's Veil, particolare
   olio e pelli di animali su velluto blu,
   cm. 275 x 305
   Fondazione Amelio
   Istituto per l'Arte Contemporanea
   foto di Beth Phillips

Ernesto Tatafiore
(1943, Marigliano, Napoli, Italia)

102. 23 Novembre 1980, 1983
   acrilico su cartone, cm. 228 x 342
   Fondazione Amelio
   Istituto per l'Arte Contemporanea
   foto di Nicola Graziani
103. Terraemotus neapolitanus, 1984
   matita e acquarello su carta giapponese,
   cm. 50 x 35
   Fondazione Amelio
   Istituto per l'Arte Contemporanea
104. Terraemotus Neapolitanus, 1984
   matita e acquarello su carta giapponese,
   cm. 50 x 35
   Fondazione Amelio
   Istituto per l'Arte Contemporanea
105. Spende il Fumo, 1984
   acrilico e plastilina su tela,
   cm. 115,5 x 158,7
   Fondazione Amelio
   Istituto per l'Arte Contemporanea
   foto di Nicola Graziani

Cy Twombly
(1928, Lexington, USA)

106. Senza titolo, particolare, 1984
   tecnica mista su carta, cm. 140 x 100
   Fondazione Amelio
   Istituto per l'Arte Contemporanea
   foto di Mimmo Capone
107. Senza titolo, 1984
   tecnica mista su carta, cm. 140 x 100
   Fondazione Amelio
   Istituto per l'Arte Contemporanea
   foto di Mimmo Capone
108. Senza titolo, particolare, 1984
   tecnica mista su carta, cm. 140 x 100
   Fondazione Amelio
   Istituto per l'Arte Contemporanea
   foto di Mimmo Capone
109. Senza titolo, 1984
   tecnica mista su carta, cm. 100 x 70
   Fondazione Amelio
   Istituto per l'Arte Contemporanea

Andy Warhol
(1928, McKeesport, USA)

110. Andy Warhol
   New York, 1981
   foto di Michele Bonuomo
111-113. Fate presto, 1981
   acrilico e serigrafia su tela
   3 tele di cm. 270 x 200 ognuna
   Fondazione Amelio
   Istituto per l'Arte Contemporanea
   foto di Nicola Graziani
114. Andy with skull painting 1981
   foto Jimmy DeSana
115. 129 die (Plan Crash), 1962
   acrilico su carta, cm. 254 x 183
   Wallraf-Richartz-Museum
   Collezione Ludwig, Colonia
116. Senza titolo, 1981
   acrilico e serigrafia su tela, cm. 38 x 48
   collezione privata, Napoli
   foto di Nicola Graziani

Bill Woodrow
(1948, Meneley, GB)

117. The Glass Jar, 1983
   materiali diversi
   proprietà dell'artista
118. Fruit of the city, 1984
   cassetta metallica e barile di legno,
   cm. 160 x 113 x 40
   Fondazione Amelio
   Istituto per l'Arte Contemporanea
   foto Nanda Lanfranco
119. Studio dell'artista, 1983

1

Fondazione Amelio
Istituto per l'Arte Contemporanea

Data di costituzione / Charter date
20 novembre 1982

Fondatori / Founders
Anna, Giuliana, Lina e Lucio Amelio

Presidente / President
Lucio Amelio

Consiglio Direttivo / Board of Directors
Michele Bonuomo, Bernard Blistène, Paola Colacurcio, Diego Cortez, Cathérine David, Francesco Durante, Michael Newman, Alex Simotas e Valerio Tozzi

Comitato scientifico-artistico / Board of Advisors
Giulio Carlo Argan, Presidente / Chairman
Jean-Christophe Ammann, Franco Angrisani, Angelo Baldassarre, Antonella Basilico Pisaturo, Achille Bonito Oliva, Bruno Brancaccio, Palma Bucarelli, Francesco Canessa, Giuseppe Castaldo, Amelia Cortese Ardias, Maria Corral, Renato De Fusco, Cesare de Seta, Roberto De Simone, Jean Digne, Werner Düggelin, Liliana Moscato Esposito, Renato Esposito, Carlo Franco, Giorgio Franchetti, Giuseppe Galasso, Christian Geelhaar, Carmen Gimenez, Paul Alexandre Guyomard, Maya Hoffmann, Dieter Honisch, Maria Pia Incutti, Alexandre Iolas, Christos M. Joachimides, Martin Kunz, Pietro Lezzi, Lisa Licitra Ponti, Massimo Lo Cicero, Graziella Lonardi Buontempo, Gaetano Macchiaroli, Jean Louis Maubant, Kynaston McShine, Filiberto Menna, Tom Messer, Claude Mollard, Franco Monteleone, Suzanne Pagé, Salvatore Paliotto, Salvatore Pica, Bruno Pisaturo, Fabrizia Ramondino, Paolo Romanello, David A. Ross, Norman Rosenthal, Lia Rumma, Paolo Serra di Cassano, Vincenzo Siniscalchi, Nicola Spinosa, Mario Valentino, Ferdinando Ventriglia, Lina Wertmüller, Peter Wolf.

Michele Bonuomo

Si risponde in due modi alla violenza della Natura: con lo sgomento di sentirsi inghiottiti in un buco della Storia, dove d'un tratto rovinano le tracce di tutto quanto l'umano ha faticosamente costruito. La paura si mette a nudo nell'ansia di risistemare ogni cosa al suo posto: racconta l'evento per esorcizzarlo nella prospettiva del già accaduto, superato, risolto per pura volontà dell'uomo, per una energia capace di ricostruire incessantemente la Storia.

L'altro modo è quello decretato dal sistema dell'Arte. Cioè, da quel processo simbolico che ha in sé la consapevolezza di produrre mutazioni al ritmo della catastrofe, trasformando l'energia della Natura in forza creativa. L'Arte, come dice Lyotard, ha un unico compito: *presentare l'impresentabile*.

L'arte vive sul 'punto di catastrofe', laddove le energie si trasformano repentinamente nel clamore di un segno. Solo l'Arte, insomma, è contemporanea alla catastrofe, all'istante in cui l'accadere delle cose si presenta nella purezza del suo manifestarsi, nello spettacolo del suo linguaggio. E, non avendo obblighi a fugare le paure, o, peggio ancora, a fornire certezze immanenti, l'Arte vive *totalmente* il privilegio di confondersi nell'energia primigenia e di manipolarne i processi; allo stesso tempo dà forma ad un enigma potente e silenzioso. «Non è vero che Dio incise la Sua parola sulla pietra. La rottura delle Tavole è, innanzitutto, l'atto fondamentale che permette il passaggio dalla scrittura divina del silenzio al silenzio interiorizzato di ogni scritto» (E. Jabès).

Creare attraverso l'arte fa sì che l'inesistente sfidi l'eterno e lo sovverta; la sovversione allora è l'atto stesso del fare arte, e solo così «in ogni momento la vita prende posizione contro la morte, il pensiero contro l'impensato, il libro che si va scrivendo contro il libro già scritto».

Lungo questa strada di sovversione consapevole *Terrae Motus* risponde attivamente al disordine ingenerato dalla violenza della Natura. Gli artisti che hanno risposto alla sollecitazione mediata dal terremoto, quello tutto fisico e drammatico del 23 novembre del 1980, si sono mossi nello stesso segno della sua potenza: essi cioè sono diventati il terremoto.

La risposta che gli artisti hanno dato in quest'occasione, certamente al massimo delle loro qualità espressive, è un momento di coagulo nella magmatica frammentarietà della ricerca contemporanea: una sommatoria di esperienze all'apparenza difficili da accomunare, ma in realtà omogenee nella loro volontà di recuperare all'Arte il dominio dell'idea e del sentimento sulle ragioni strumentali della forza. La diversità del linguaggio è oggi, d'altronde, l'unica certezza per pensare all'Arte come ad una dimensione vitale di sopravvivenza creativa. Un bunker antinucleare non sarà mai un sistema protettivo: sarà soltanto, una fredda bara razionalizzata, buona a contenere morti già decretate...

Tocca all'Arte, in raccoglimento nei recinti sacri del *Museo*, fronteggiare la catastrofe con la sua stessa forza.

There can be two responses to Nature's violence. We may fear to disappear in history's black hole, which swallows up all the traces of civilizations built by hard human labour.

Fear shows through the anxious desire for perfect order. So, any reconstruction stands for a past destruction as a threatening warning.

The other possible response is regulated by Art's system.

That is to say, the symbolic process contains in itself an awareness of producing changes at a catastrophic pace by transforming Nature's energy into creative force. Art, as Lyotard has argued, has only one task: *to present what cannot be presented*. Art lives on the «brink of catastrophe» in which energies suddenly turn into clamorous signs. Finally, Art only is contemporary with catastrophe, that is the instant in which the occurrence of things appears in its pure manifestation, in the expression of its own language. Moreover, since Art is not obliged to drive fears away, or, worse yet, to provide immanent certainties, it thoroughly enjoys the privilege of getting mixed with primal energy by manipulating its processes; at the same time it creates a powerful and silent enigma. «It is not true that God carved His word on the stone. The breaking of the Tables is, above all, the crucial action allowing the transition from the divine writing of silence to the interiorized silence of all writings» (E. Jabès).

Through the artistic creation, non-existence braves eternity and subverts it; then the act of art-making is subversion, and that is the only way in which «at every moment life takes a stand against death, thinking against unthinking, the book that we are writing against the book that has been written already».

By following this path of conscious subversion, *Terrae Motus* responds to the disorder engendered by Nature's violence. The artists who have reacted to the stimulus induced by the earthquake, the physical and dramatic earthquake which occurred on the 23rd of November 1980, have chosen the same sign of power: that is to say, they became earthquake too.

The answer given by the artists on that occasion, certainly the best of their artistic expression, represents a coagulation amidst the magmatic and fragmentary events of contemporary research: the summation of experiences which apparently have little in common, whereas they are homogeneous in that they intend to restore the predominance of ideas and feelings upon the instrumental reasons of force. Language differentiation is nowadays the only certainty which allows us to think of Art as a vital dimension for creative survival.

An anti-nuclear bunker will never be a shelter: it will be only a cold rationalized coffin for already decreed deaths...

Art has to challenge catastrophe with equivalent strength, collected within the sacred boundaries of the *Museum*.

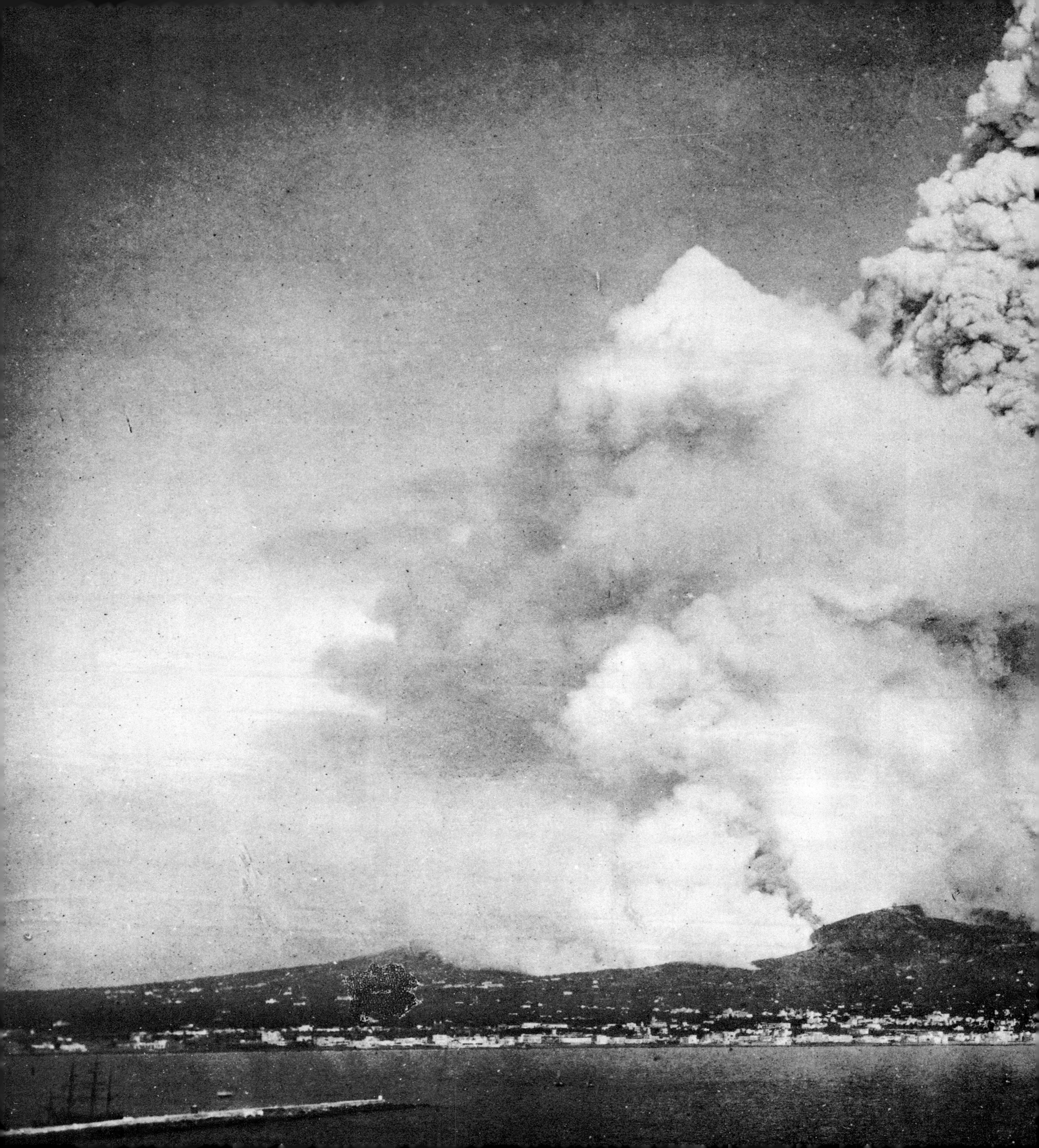

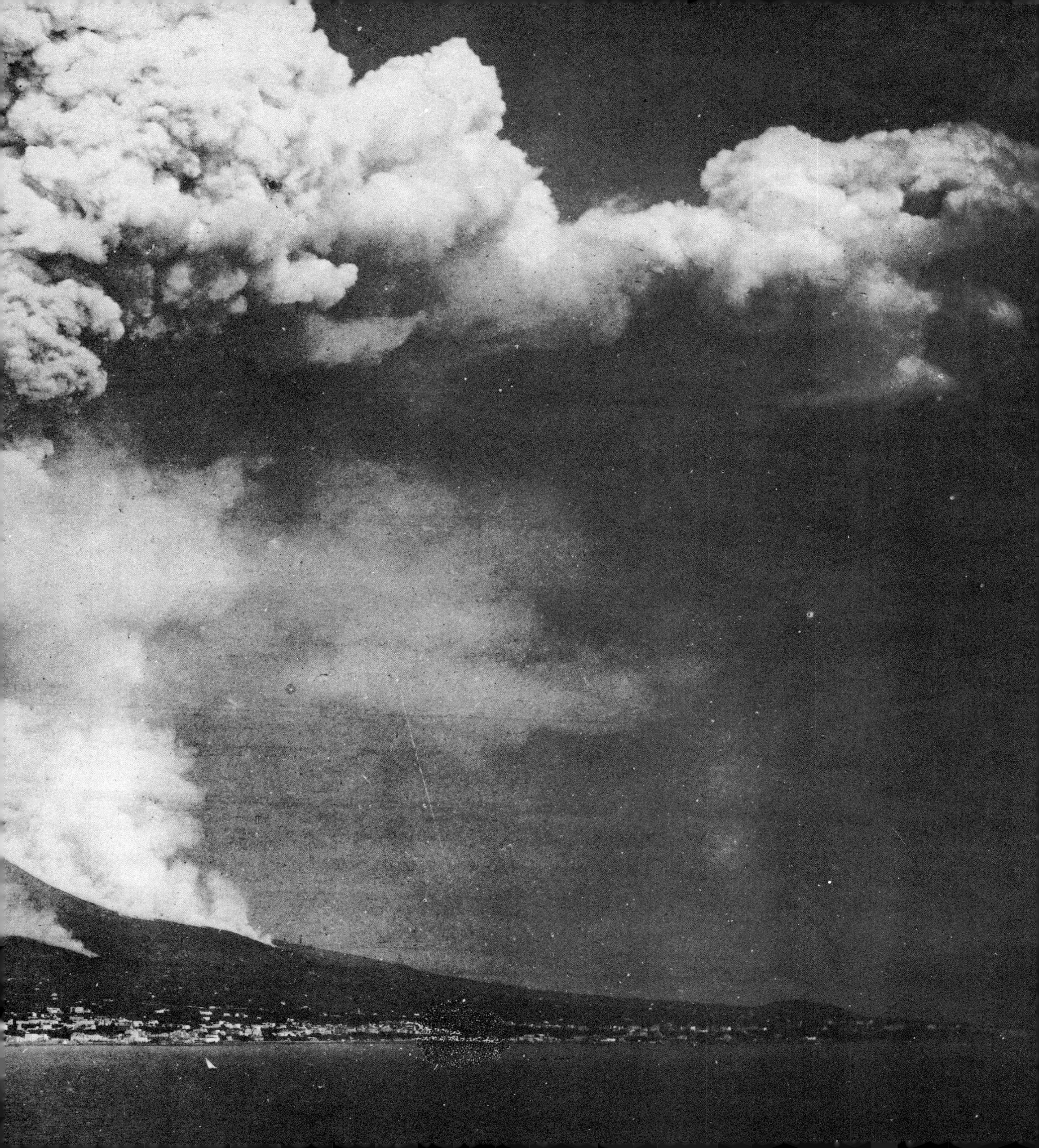

Giulio Carlo Argan

Delle grandi contraddizioni del cosmo e della storia Napoli è lo splendido e doloroso emblema. Il suo spazio mediterraneo è inondato di luce, ma da un istante all'altro la terra può tremare, il Vesuvio vomitare torrenti di lava infuocata.

Per la sua origine greca e la sua antica tradizione europea sembra luogo per eccellenza mitologico e storico, ma negano la solarità mediterranea e la continuità logica della storia le catastrofi naturali e non, che ne hanno alterato, talvolta brutalmente bloccato il corso. Ercolano e Pompei sono esempi unici al mondo della precarietà della civiltà e della storia, che un evento naturale, un subito destarsi di profonde energie della terra, possono d'un tratto impietrare.

Napoli ha conosciuto, in questo secolo, le barbarie dell'invasione nemica, la paura del terremoto, l'insulto dell'affarismo che l'ha coperta di spazzatura edilizia, la miseria, la prostituzione, la camorra. Nata per essere nobile, bella e felice, ma oggi turbata dall'incubo di incombenti disastri naturali e sociali, è il simbolo vivente di un mondo, che avendo elaborato tecniche complicate per accrescere il proprio benessere, le rivolge contro se stesso per vivere nell'orrore e darsi prima o poi un'orribile morte. La corsa all'armamento nucleare è un insensato precipitare verso la morte collettiva; Hiroshima e Nagasaki sono come una Pompei e un'Ercolano di cui la distruzione scientifica, più perfetta della naturale, non ha conservato neppure le spoglie e l'aspetto.

Da quella colpa inutile, senza riscatto possibile, discende l'angoscia cieca e delirante di un'umanità che sa di portarsi dentro il crimine o il suicidio. Anche soltanto con la sua sospesa minaccia la bomba ha spazzato ogni possibilità di discorso, di politica, di storia. A decidere il lancio della bomba saranno politici e generali, e tuttavia sarà casuale, imprevedibile, immotivato come un terremoto. L'umanità sa che non vi sarebbe fame nel mondo nè crisi economica se l'energia nucleare non fosse coperta dal segreto per poterla usare in guerra: quella che dovrebbe essere la sorgente della sua forza è invece la causa della sua debolezza, della sua malattia, della sua alienazione.

Nella storia l'arte è stata la forza creativa con cui l'umanità ha cercato di emulare la creazione. L'arte vive del proprio tempo: se il tempo è pervaso da un presentimento, ossessionato da una libido di morte l'arte non può che cercare di neutralizzare l'inconscio con la chiara, né perciò meno tragica, immagine della morte. E sollecitare così deboli impulsi creativi che contrastino alla pressione distruttiva della volontà di potenza e di violenza. Gli artisti non esortano certo all'indifferenza ed al distacco: nell'inconscio collettivo dell'umanità c'è la bomba come c'è il terremoto. È stata una scienza falsa e corrotta a creare quel motivo d'angoscia inconscia: può essere l'arte, che per definizione è autenticità, a recuperare nell'angoscia mortale una speranza vitale.

A Napoli gli estremi contrari di vita e morte, mito olimpico e mito ctonio, coesistono in un incredibile equilibrio. Convengono a Napoli gli scienziati per studiare le leggi occulte dei sismi e cercare di neutralizzarli: perché non convocare gli artisti affinché impegnino la loro volontà e le loro energie creative a trovare scongiuri, se non soccorsi, alla paura che opprime la gente? Vedere in un quadro l'opposto di un mis-

Of the many great contradictions of the cosmos and of history, Naples is the splendid and sorrowful emblem. Its own Mediterranean space is inundated with light, but at any second, the earth may shake, the Vesuvius may vomit torrents of fiery lava.

Because of its Greek origin, and its ancient European tradition, Naples seems an ideal mythological and historical site. But, the radiance and logical continuity of its history are denied by natural and unnatural catastrophies, which have not only altered its course, but at times brutally blocked it. Herculaneum and Pompeii are unique examples of the precariousness of civilization and history, that a natural event, a sudden arising of deep energies, may in one stroke petrify.

Naples, in this century, has known the barbaric invasion of enemies, the fear of earthquakes, the insulting speculators who covered it with edifices of garbage – misery, prostitution, the camorra. Born to be noble, beautiful and happy, but today troubled by the nightmare of impending natural and social disasters, Naples is the living symbol of a world which, having elaborated a complicated technique towards a better life, arrives at the predicament of using that technique against itself, to live in the horror and contrive, sooner or later, its own horrible death. The nuclear arms race is a senseless precipitation towards a collective death. Hiroshima and Nagasaki are like Pompeii and Herculaneum, but their scientific destruction, more perfect than a natural one, leaves not even a trace or remain.

From that useless fault, with no possible redemption, arises the blind, raving anguish of a humanity that knows only how to perpetrate crime and suicide. And even only with its looming threat has the bomb discarded any possibility of talks, of politics, of history. The decision to release the bomb will be undertaken by generals and politicians, and yet will be casual, unforseeable, and without motive like the upheaval of the earthquake. Man knows there would neither be hunger nor economic crisis, if nuclear energy were not kept secret to be used in war: that which should have been the source of its power, has become the cause of its weakness, of its disease, of its alienation.

In history, art was the creative force with which humanity sought to emulate creation. Art lives from its own time; and if time is pervaded by a presentiment, obsessed by a death libido, art can only try to neutralize the unconscious through a clear, but no-less tragic, image of death, solliciting weak creative impulses to struggle with the destructive force of the will of power and violence. Certainly, artists do not exhort to indifference and detachment: in the collective unconscious of mankind there is the bomb and the earthquake. It was a false and corrupt science to create this cause of unconscious anguish: it can be only art, which by definition is authenticity, to revive in this mortal anguish a vital hope.

In Naples, extreme contraries of life and death, olympic and ctonic myth, coexist in an incredible balance. The scientists convene in Naples to study the occult laws of seismic forces attempting to neutralize them: why not summon artists to employ their will and their creative energies to exorcise the fear which oppresses them? To see in a

sile non è più ingenuo che vedere nell'arte l'antagonista onesta d'una scienza venduta. A Napoli, dove s'è sempre creduto nella jettatura, si crede ancora negli scongiuri: si crederà anche all'arte che scongiura la jettatura maligna dei sismi, delle guerre, delle bombe. Con tutta la sua cultura umanistica, così nobilmente coltivata, ha troppe amare esperienze per credere col Petrarca che virtù vinca furore; ma, poiché anche la santa scrittura trapassa in popolare saggezza, Napoli ricorda che il piccolo Davide ha steso il gigante Golia e la gentile Giuditta ha decollato Oloferne.

painting the opposite of a missile is no less ingenuous than to perceive art as the real antagonist of a sold science. In Naples, where people still believe in the evil-eye, they still believe in exorcism: they surely will also believe that art will exorcise the malignant evil-eye of seismic forces, of wars, of bombs. With all its treasures of humanistic culture, so nobly cultivated, Naples had too many bitter experiences to be able to believe, according to the Petrarch, that virtue can prevail over madness. But as also the sacred scripture passes into popular wisdom, Naples remembers that the little David leveled the giant Goliath and the gentle Judith beheaded Olofern.

3

Giuseppe Galasso

Terrae Motus: il titolo in latino non è una preziosità. Al contrario, vuole esprimere – con l'uso di una di quelle lingue che si suole definire «morte», e, quindi, al di fuori ormai di vicende temporali, – la perennità insopprimibile di un rapporto primigenio, ancestrale, organico dell'uomo: il rapporto con le forze della natura.

Non è un rapporto pari. La superiorità della natura è schiacciante. Nonché la vita del singolo individuo umano, è breve addirittura la vicenda di una singola specie, per milioni e milioni che possano essere gli anni della sua durata. Soprattutto, però, è sfavorevole il rapporto di forza. L'orgoglio umano può essere largamente sollecitato dalla raggiunta, tragica capacità di disporre di strumenti micidiali di morte, in grado di apportare danni irreparabili e duraturi all'ambiente e alla vita in vasti spazi. Ma la potenza di cui, per fare questo, l'uomo dispone è minima di fronte a quella che la natura dispiega in qualcuna delle sue manifestazioni più appariscenti, ma non delle più rilevatrici della sua forza: un ciclone, un temporale, un'eruzione, un terremoto... Eppure, l'uomo è di gran lunga l'essere che in natura dispone di maggiore potenza. Perciò, *Terrae Motus* è un'indicazione, innanzitutto, ontologica ed esistenziale. Allude ad una condizione permanente dell'esistere umano, al suo squilibrato rapporto con le forze della natura, delle quali il terremoto è una rivelazione tra le più significative. È, infatti, repentino, imprevedibile, radicale, carico di tensione, di una elettricità psicologica difficilmente controllabile: e si potrebbe a lungo continuare negli aggettivi che possono indicare, nell'uomo, sconvolgimento e impotenza.

Se, però, esiste in generale come condizione naturale ed esistenziale, il terremoto è poi, in quanto fenomeno localizzato nello spazio, un evento storico preciso, determinatissimo: se ne indica la durata in minuti e in secondi, addirittura. E, come vi sono zone della Terra particolarmente esposte al fenomeno, così vi sono tempi e periodi di sua particolare intensità. *La terra trema:* l'annuncio volge gli animi al terrore; ma gli uomini di paesi e di tempi determinati hanno con esso una familiarità ambigua: non si sa se fatta di esclusione del problema o di abbandono rassegnato o di speranza, certezza di sopravvivere.

Volendosi esemplificare tutto ciò, è giusto che si pensi a Napoli come ad un caso particolarmente tipico. Non che la antica Partenope sia più esposta al rischio sismico di quanto lo siano altre zone del Globo. Nel caso di Napoli si ha, invero, una cumulazione di fenomeni sismici e di fenomeni vulcanici che è molto caratteristica, e la destina a fare spesso notizia per disastri: talora per disastri immani, come fu nel '79 con la distruzione di Pompei e di Ercolano. Ma non è soltanto, e non è neppure tanto, questo a richiamare alla qualità caratteristica di Napoli sotto tale specie. È, piuttosto, anche la fisionomia storica e umana della città ad indicarla, a richiamarla alla memoria nella sua tipicità: una fisionomia di grande vivacità, di spontanea gioia di vivere e di ambigua e sfuggente o addirittura tragica malinconia, di perenne agitazione, di folta e rumorosa e colorita presenza umana, di sotterranea convergenza di forze esplosive dell'uomo e della natura, di tenera dolcezza e di drammatica violenza, di inestricabile intreccio tra folklore e

Terrae Motus: The Latin title is not an attempt to create something precious. On the contrary, through the use of one of the so-called 'dead' languages, which are, by definition, not bound by temporal events, it expresses the perpetually unsuppressable aspect of a primordial tightly-knit ancestral blood-relationship: the relationship between man and the forces of nature.

It is not an equal relationship, for the superiority of nature is devastating. Not only the life of one single man, but even the survival of one single species, regardless of the possible thousands of million years it may endure, is incredibly short. Above all, any relationship of strength is automatically biased against Man. Human pride can be greatly solicited by the fact that man has managed, by using lethal tools and weapons, to facilitate irreparable damage on the life of the environment and landscape. However, the force man has used for this is absolutely minimal in comparison with that which nature unleashes in some of its most ostentatious manifestations of force, none more revealing than a cyclone, storm, eruption, or earthquake. Yet, man has been the most powerful living creature for countless years. For this reason, *Terrae Motus* is, above all, an exemplification of ontology and existentialism. It refers to a permanent condition of human existence and its unbalanced relationship with the forces of nature, one of the most indicative manifestations of which is the earthquake. It is sudden, unpredictable, radical, and charged with a tension and psychological electricity which is difficult to control. The list of describable features which can leave a person feeling shocked and helpless is endless.

However, although it chiefly exists as a natural existential condition, an earthquake is also, inasmuch as it is a spacial phenomenon, a very precisely defined historical event. In fact, it is measured in terms of minutes and seconds, and just as there are certain zones on this earth which are particularly subject to this phenomenon, there are also times and periods of greater frequency and intensity. «The earth is shaking!» The new turns hearts cold with fright. But the people who live in those forementioned areas and times are involved in a strange relationship which can never be described with any certainty; its being an attempt to ignore the problem or of being resigned to it; or on a hope and convinction that, come what may, they will survive.

It would not be wrong to think of Naples as a particularly *classic* case. It's not that the ancient 'Partenope' runs a greater risk of seismic and volcanic phenomena than the rest of the world, even if Naples seems to be famed for immense disasters, as the one which ravaged in 79 A.D. Pompeii and Herculaneum. Rather, our attention is evoked by the historical and humane aspects of this city which highlight its uniqueness. By that I mean, its spontaneous joy of living and its fleetingly ambiguous, even tragic, melancholy; coupled with its eternal state of agitation, its colorful and noisy humanity, and the mysterious coming together of dramatic violence, with its inextricable interweaving of folklore and rousing history... I could easily go on «ad infinitum». Of course, this historically humane aspect of the city is, above all, tightly linked to the modern image of Naples. The Naples of ancient Greece

grande storia... Si potrebbe, ovviamente, continuare. Beninteso, questa fisionomia storica e umana della città è legata soprattutto all'immagine della Napoli moderna. La Napoli greca e romana aveva anche una sua dimensione dionisiaca, orgiastica. Non per nulla la *Graeca Urbs*, la città greca di cui parla Petronio nel *Satyricon*, è individuata dai più proprio in Napoli: e città greca vuol dire qui città di piaceri e di follie, di trasgressioni e di esaltazioni. La città antica era, però, soprattutto la città che amò Virgilio: dolce e serena sede di studi, di raccoglimento morale e psicologico, nell'incanto di un paesaggio di squisita, alta, poetica bellezza, a cui si aggiungeva il contributo di alcune delle favole di più intenso e profondo significato dell'antica mitologia (Sirene, Averno, Sibilla...). Un po' il contrario, insomma, della città moderna dalla fisionomia estremamente mossa.

Nel caso di Napoli, dunque, storicità ed esemplarità si fondono – in questo caso specifico come per tanti altri aspetti – nell'inconfondibile dimensione della sua unicità, della sua singolarità. E questo è motivo, insieme, drammatico ed esaltante della napoletanità: la quale non è, perciò, quella indefinibile e improbabile condizione esistenziale di cui si discorre spesso, ad opera di napoletani e di non napoletani, con approssimazione e superficialità di concetti, ma è propriamente e soltanto la risoluzione storica di determinate, paradigmatiche congiunture umane e naturali.

Una tale città, un tale luogo – ad una confluenza di storia e di esemplarità vissuta con grande intensità e partecipazione di spirito – si prestava, quindi, eccellentemente ad un progetto come quello di *Terrae Motus*; e si può, perciò, ravvisare, nell'idea di concentrare il tema napoletano di *Terrae Motus*, una sollecitazione all'inventiva e alla riflessione di artisti, ai quali le notizie del terremoto del 23 novembre 1980 sono giunte in copia attraverso tutti i possibili mezzi di comunicazione, con l'immagine complessiva di una catastrofe che – dal Vesuvio ai Campi Flegrei, dal mare delle Sirene allo specchio lacustre dell'Averno, dal dorso montuoso delle isole incantate di Capri e di Ischia alle catene collinari e montane dell'Appennino più contorto – aveva seminato morte, dolore e rovina, ma non aveva distrutto né la vita né la vitalità di antichissimi paesi e città.

Arte a tesi? Arte estemporanea? Diciamo, piuttosto, arte d'occasione, nello stesso senso in cui Goethe affermava che ogni grande poesia è poesia di occasione: e si sbagliava solo nel limitare l'affermazione alla grande poesia, laddove essa vale per ogni poesia *vera*, «grande» o «piccola» che sia.

Questo, naturalmente, se all'arte si crede come ad una componente essenziale di ogni *vera* umanità, come ad una categoria costitutiva della sola umanità possibile, ossia quella *vera*, appunto, di ieri e di domani. Da Hegel in poi si è parlato sempre più spesso di «morte dell'arte». La smentita della storia è stata, al riguardo, sino ad oggi, perentoria e costante. Lo rimarrà – è chiaro – anche in avvenire. La prospettiva di Hegel era radicalmente falsata dalla contraddizione radicale sussistente nel suo pensiero tra eredità metafisica e innovazione storicistica. Dalla metafisica poteva derivare una ispirazione di teoria ciclica, suscettibile

and Rome, had even a dionysian side to it. Not for nothing the *Graeca Urbs*, the Greek city mentioned by Petronius in his *Satyricon*, has been pointed out as most probably being Naples. And, at that time, a Greek city meant pleasure and madness, transgressions and exultation. However, the ancient city was, more than anything else, the city which Virgil so deeply loved: a quiet, peaceful center for study, a place to make moral and psychological research, set in some enchanting countryside of an exceptionally high poetic beauty, which boasted sites and elements of some of the most deeply meaningful tales in ancient mythology (the Sirens, Averno, the Sybil). In short, it was a far cry from the hustle and bustle of the modern-day city.

A city like this, forged on the link between history and an exemplary way of life, conducted with great spiritual intensity, is a perfect choice for a project like *Terrae Motus*. In concentrating on the 'Neapolitan' theme of *Terrae Motus*, it is possible to recognize a type of invocation of the reflective inventiveness of artists, who first heard of the earthquake of November 23, 1980, via all possible means of communication. It was the news of a total catastrophe which, from Vesuvius to the Phlegrean Fields, from the Sea of the Sirens to the lake of Avernus, from the mountainous backbone of enchanting Capri and Ischia, to the tortuous chains of the most twisted Appenine had sown the seeds of death, pain and ruin, but had destroyed neither the life, nor the vitality of these ancient cities and villages.

Art or thesis? Extemporaneous Art? Let us rather see it as a chance for Art, in the same way that Goethe maintained that all great poetry is the result of a chance. He was wrong only in limiting his statements to great poetry, when it ought to apply to any *true* poetry, however great or insignificant it may be.

Of course, this is only so if art is considered as an essential part of all humanity, or is a component of that form of humanity, both past and present. From Hegel onwards, people have talked more and more about the «death of art». History, however, has constantly denied such an appraisal, right up to the present, and will obviously continue to do so. Hegel's perspective was radically falsified by contradictions of thought between metaphysical heredity and historical innovation. It was possible to derive from metaphysics an inspiration of cyclical theory, loaded with enough dramatic symbolism to totally subvert any authentic historical perspective. Dialectic rhythms run through history; rhythms of contradiction and shock, tension and catastrophe, but also of complete continuity, synthetic logic and forms of global strengthening, which solve catastrophes by getting over them, and death, by moments of life. Anything that exists in a historical dimension, and doesn't belong to the episodic peculiarity of the 'absolute' individual, also lives in the synthesis of the dialectic movement of history itself. From the metaphysical point of view, however, anything that exists in history, anything that exists over and *above* history, anything that has an eternal essence, and anything that is mortal and temporary, is completely unconnected. Therefore, as far as metaphysic is concerned, death is a definitive head-on severance. In this way, the «death of art»

di essere caricata di significati drammatici, totalizzanti, sovvertitori di una autentica prospettiva storica. Nella storia vige il ritmo della dialettica: ritmo di contraddizioni e di urti, di tensioni e di catastrofi, ma anche di continuità complessive, di logiche sintetiche, di globalità recuperatrici. Ciò risolve la catastrofe in superamento, la morte in un momento della vita. Ciò che vive nella storia – e che non appartenga alla singolarità episodica dell'assolutamente individuale – vive sempre nella sintesi del moto dialettico della storia stessa. Nella veduta metafisica, invece, altro è ciò che sta nella storia, altro è ciò che sta al di sopra di essa; altro è ciò che ha essenza eterna, altro è ciò che è mortale e transeunte. La morte, dal punto di vista metafisico, è quindi un taglio frontale, irrecuperabile e definitivo. La «morte dell'arte» può, quindi, apparire come una possibilità concreta: è la vicenda storica di qualcosa di storico; esce dal quadro dell'essenzialità, che appartiene all'eterno ad ha per sé l'eterno. Ma può già essere considerata un'assai probatoria ironia della storia la circostanza che i quadri teorici o letterari delle ipotesi di «morte dell'arte» siano assai spesso ispirati da una vena artistica e poetica, che quasi *in nuce* smentisce il loro assunto: a cominciare dal grandissimo Hegel e dai drammatici scenari della sua ardua prosa. L'analogia più evidente e persuasiva è quella di Nietzsche: eguale radicalità nel sancire, addirittura, la «morte dell'uomo» e l'avvento trionfale del superuomo; eguale umanissima tensione e trepidazione (di un umano troppo umano) della prosa e del pensiero dell'uomo Nietzsche. Che poi l'arte comporti o non comporti progettualità o concettualità, che essa muti radicalmente fenomenologie e modalità formali, che essa segua e non segua nelle sue tradizioni i destini storici delle civiltà o delle culture in cui è vissuta, è tutt'altro discorso: un discorso che può rientrare e rientra nella dialettica della storia.

Personalmente – se è lecito affacciare in una materia così grave una di quelle che si sogliono definire «opinioni personali» – riterrei sempre valido il punto di vista secondo cui «la morte dell'arte» è soltanto la «morte di *una* arte», ossia di una civiltà artistica, di una determinata tradizione d'arte. Che può anche apparire come un punto di vista banale, e applicabile non solo all'arte ma ad ogni aspetto di una cultura, ad ogni tradizione di civiltà. Non è detto, però, che, essendo banale, non sia egualmente – come ritengo – un punto di vista rigoroso e certo.

La sua accettazione mi sembra dare, peraltro, la possibilità di qualche altra considerazione, di cui ritengo pari la validità. Le tradizioni artistiche, le civiltà finiscono con l'esaurimento dei loro modi espressivi, con la sovversione delle loro tecniche e procedure figurative. Naturalmente, dietro la crisi espressivo-figurativa, c'è la crisi di un mondo di idee, di sentimenti, di valori, di rapporti. Accade allora che i linguaggi si disarticolino e che lo sperimentalismo diventi una forza condizionante parallela a quella del tradizionalismo più conformista: insomma, c'è un processo di destrutturazione dell'intero sistema figurativo, di tutto il mondo del lavoro artistico. E ogni volta si ha l'impressione di una «barbarie» ritornante, di una caduta nel «primitivismo» da cui si riteneva di essere usciti per sempre (dove, tra l'altro, c'è anche la discutibi-

can mean a concrete possibility, as it is the historical unfolding of a historical event, which goes beyond the boundaries of existentialism; that it both possesses and belongs to eternity.

It is an extremely playful irony on the part of history, that perpetuates the theoretical-literary perspectives of hypotheses on the «death of art». These hypotheses often inspired by an artistic or poetic vein, sometimes have almost completely denied their adoption, starting from the great Hegel and the dramatic scenarios of his arduous prose. A more persuasive analogy is that of Nietzsche and his equally human tension and trepidation (on the part of a far too humane humankind) in the prose and thoughts of the Nietzscherian Man. Whether art entails planning and conceptualization or not, whether it does or does not traditionally follow the historical destiny of the civilizations or cultures it lives in, is a completely different matter: a question which enters into the dialectic debate of history.

Personally, (if it is legitimate for one to enter into 'personal' opinions on such a serious subject), I would take the point of view that the «death of art» is just the death of one type of art-form, artistic-civilization, or definite art-tradition. This may seem a very banal point of view, regarding not only art, but every aspect of culture, every tradition of civilized life. Although it's banal, it can also be a rigorous, staunch point of view, as I maintain.

Furthermore, by accepting this fact, one can say that artistic traditions and civilizations end up exhausting their own means of expression by the subversion of their techniques and figurative devices. Behind this expression-figurative crisis, lies the crisis of a world of ideas, feelings and relationships. It occurs then that languages (language forms) lose their means of articulation; experimentation becomes a conditioning force similar to the most conformist traditionalism. All in all, it is a continual wearing away of the figurative system and the entire universe of artistic work. When it occurs, we imagine a return to «barbarity», a falling back into the depths of a dark age, from which we thought we had escaped for good. Every time there is a moment of reflux, when classicism or neo-classicism reappears (classicism only in appearance, because in reality, the 'new elements' are authentic, whereas the 'classical elements' are only instrumental), past methods and traditions blossom again; they are ultimately taken up as prescriptive models. I might be completely mistaken, but I believe there is something of this nature in contemporary culture, nor would I be surprised if, in the space of a couple of decades, the rule of the ancient classicists returned, proposing an enthusiastic rediscovery of classical European art (from the Renaissance to the Age of Enlightenment) as a prescriptive model, just as the Europe of *that* epoque looked to Graeco-Roman models.

Terrae Motus could help stimulate worthwhile reflection on this subject, and consequently provide an opportunity to revisit the simultaneously historical and exemplary features of Naples.

lità di una prospettiva che crede al «progresso» nell'arte e che confonde la valutazione storica della «barbarie» del «primitivismo» con quella estetica delle loro espressioni artistiche). Ma ogni volta, poi, c'è un momento ritornante di «classicismo»: anzi, di «neo-classicismo»; e riaffiorano (all'apparenza, perché, in realtà, il «nuovo» è autentico, il «classico» è strumentale) modi e tradizioni del passato, ora assunti come modelli normativi. E mi sbaglierò di molto, ma anche oggi qualcosa del genere arieggia nell'atmosfera della cultura contemporanea; né mi sorprenderei che, di qui a qualche decenni, gli «antichi» tornassero ad imperare e che una entusiastica riscoperta dell'arte dell'Europa classica, tra Rinascimento e Illuminismo, la riproponesse come modello normativo, allo stesso modo che quell'Europa considerò come proprii modelli quelli greco-romani.

Terrae Motus può anche servire a qualche utile riflessione a questo riguardo e può, quindi, dare un'occasione di rivisitare in concreto la simultanea storicità ed esemplarità di Napoli.

Joseph Beuys

Alcune richieste e domande sul Palazzo nella testa umana

I terremoti nei Palazzi sono ancora in corso. Le scosse fisiche nei numerosi paesi e città del Mezzogiorno ed anche nella stessa Napoli – con i tanti morti a cui dobbiamo sempre pensare se vogliamo determinare trasformazioni radicali – sono tuttavia in rapporto con i continui, indescrivibili crolli nei Palazzi del capitalismo privato dell'Occidente ed in quelli del capitalismo di stato dell'Oriente.

Pericolo di crollo! Da simili Palazzi non può venire alcun aiuto per l'uomo, ma soltanto un'ulteriore estensione della zona mortale anche per la natura, come è nel caso di quel Palazzo-portaerei spesso ancorato nel golfo di Napoli. Sta forse lì per aiutare il popolo di Napoli, né servo né padrone? No, non è lì per questo (e se io non sapessi che è una cattiveria borghese l'affonderei volentieri); è lì per rapinare il popolo, per togliergli sempre di più qualcosa, materialmente, ma soprattutto spiritualmente e moralmente.

La frammentazione dell'uomo viene pianificata in questi Palazzi, come in quelli cattolici.

E l'Italia? I colpiti nel Mezzogiorno possono attendersi una rinascita delle loro capacità creative in una condizione di libertà, di concreta eguaglianza dei diritti, cioè di un'equa e democratica regolamentazione dei redditi di tutti? Un'economia fraterna e solidale che soddisfi i bisogni eliminando i profitti ed i privilegi degli imprenditori nel settore della produzione industriale, superando il concetto di diritto di proprietà sui mezzi di produzione, senza l'indegna sperequazione tra il guadagno dei datori di lavoro e quello dei lavoratori?

No. Non ci si può attendere tutto ciò, poiché perfino i terremoti servono al potere economico ed a quello statale per incrementare i loro profitti. Pertanto la soluzione è: staccarsi da Roma, in duplice forma. Autodeterminazione del Mezzogiorno realizzata, se possibile, oggi stesso; gestione autonoma per il Sud, unione delle libere provincie della Campania, Calabria, Puglia, Basilicata, Sicilia; autodifesa mediante la genialità degli individui con il sole sociale nel cuore. E quindi lo Stato dell'amore!

Basta con la follia della predestinazione e con l'arroganza del potere dello Stato e della Chiesa. E dopo sarà possibile portare a Roma il buon raccolto, poiché amiamo anche Roma, come tutto il resto del mondo. Questo non significa separatismo, ma proprio l'opposto: significa collaborazione realizzata su premesse opportune. Soltanto uscendo dalla Nato e dal Mercato Comune si potrebbero realizzare delle forme di libere associazioni che si relazionino all'economia mondiale senza costrizioni politiche.

Il ritorno in patria degli italiani emigrati contribuirà a determinare una nuova epoca storica per l'umanità, originata nel Sud. La terra, l'agricoltura, la natura dispiegheranno bellezza e forza. Tutto è già buono, va soltanto migliorato con coraggio e decisione.

Ogni uomo possiede il Palazzo più prezioso del mondo nella sua testa, nel suo sentimento, nella sua volontà. È stato già purificato dopo i terribili terremoti che l'hanno devastato attraverso l'ideologia capitalistica e marxista?

Entriamo in noi stessi! Ci siamo autodistrutti (materialismo, egoi-

The concept of the *Palazzo* in the human head questions and demands

The physical tremors in the many villages and cities of the Mezzogiorno and in Naples itself (not to mention the many deaths we should bear in mind if we want to bring about radical changes) are still in relation with the continual crumbling of the edifices of both Western and Eastern State Capitalism.

«Danger, falling buildings!». From buildings such as these in Naples and Mezzogiorno, man can expect no aid, but rather the extension of zones that are equally lethal for the environment, as deadly as the great aircraft-carrier-*palazzo* anchored in the Bay of Naples. Neither slave nor master, is it really there to help the people of Naples? No, certainly not (if I didn't know it was merely a piece of bourgeois spite, I'd willingly sink it!). It's there to plunder the people by continually extracting something material from them, but above all, something spiritual and moral (apartment buildings). Therefore it's on a threefold mission: physical, moral, and spiritual extraction.

The breakup of mankind is planned in *Palazzi* like those in Naples, sometimes Catholic. And in the whole of Italy? Is this perhaps a quality from which the Mezzogiorno victims can expect a rebirth of their creative ability into a state of liberty and concrete equality of rights? By this I mean a fair, democratic control of everyone's needs through eliminating the rights to the means of production, vile pay and inequality between employers and employees.

No, we can't possibly expect all that, since even earthquakes are useful in raising profits for the economic and state powers. For this reason the solution is to break away from Rome in a two-fold way: self-government of the Mezzogiorno to be commenced this very day if possible, autonomous administration for the South, and the union of free regions Campania, Calabria, Puglia, Basilicata and Sicily. It will be a form of self-defense for those kind people with a social sun at heart, and therefore, by extension, a State of Love.

Enough of the madness of predestination and the arrogance of the power of the state and church! Only later will it be possible to take our bountiful harvest to Rome, for we love Rome, just as we do the rest of the world. This doesn't mean separatism; quite the opposite. It means that collaboration will take place only on favorable premises. Only by leaving NATO and the EEC will it be possible to establish forms of free association in business relations with the world economy without any political restraints.

The return of Italian emigrant workers will contribute to the foundation of a new historical era for humanity, an era which will start in the South. The land, agriculture, and environment will emanate beauty and strength. Everything is already fine, but will only be improved by courage and sound decision-making.

Each and every man has the most precious building in the world in his head, feelings, and free will. Has he yet been purified by the terrible earthquakes that have ravaged both capitalistic and Marxist theory? Let's go back to our old selves! We have destroyed ourselves through materialism and selfishness, but now we're building ourselves back up again. *Man, you possess the force of your own self-determination.* A program

smo), ma ora ci ricostruiamo da soli. *Uomo, tu possiedi la forza per la tua autodeterminazione.* Un programma nel senso della formazione liberatoria dell'organismo sociale viene portato avanti dai *Verdi*. L'alternativa economica diventa pertanto: solidarietà invece di concorrenza, difesa della vita invece di distruzione della vita, soddisfacimento dei bisogni di tutti per un'esistenza umana dignitosa. I rapporti economici dello stato capitalistico e di quello comunista vanno sostituiti con un sistema alternativo di risparmio e di giustizia esistenziale, utilizzando le risorse e le energie della natura, escludendo radicalmente ogni privilegio sociale e realizzando una tecnologia a misura d'uomo.

Il potere privato nel settore della produzione ed il commercio, indirizzato esclusivamente nel senso della realizzazione del profitto, contraddicono questo processo alternativo di solidarietà allo stesso modo del dirigismo di pianificazione burocratico-statale. I principi fondamentali della natura vanno conservati sani, poiché senza la loro salvaguardia non esiste vita umana dignitosa.

Gli uomini devono poter liberamente dispiegare le loro capacità lavorative e prendere autonomamente ogni decisione su ciò che deve essere prodotto, e dove e come ciò deve essere prodotto. I lavoratori devono assumere collettivamente le proprie responsabilità nei luoghi di lavoro, ed i direttivi delle imprese vanno democraticamente eletti tra gli elementi realmente qualificati. Per l'ordinamento dell'autoamministrazione abbiamo bisogno di organi di consiglio collegiali, nell'ambito dei quali vadano considerati tutti i punti utili per il soddisfacimento dei compiti relativi ad ogni settore lavorativo, liberamente ed indipendentemente da ogni costrizione di profitto o disposizione burocratica.

Organi dell'accordo democratico sono le assemblee di fabbrica, le assemblee dei cittadini ed i referendum popolari. Gli organi del commercio, basati sul concetto di solidarietà, vengono conseguentemente originati nei relativi settori produttivi, onde soddisfare i compiti al servizio del consumatore. La democraticizzazione del denaro è indispensabile. L'essenza del denaro nella struttura capitalistica è regolata in modo che essa risulta totalmente estranea ad ogni controllo democratico, il che significa che sulla questione del *cosa, come e dove* dei processi lavorativi decidono soltanto coloro nelle cui mani è concentrato il mezzo finanziario.

Il lavoro umano non deve più poter essere comprato. Deve essere assicurato un guadagno dignitoso per la realizzazione del diritto umano secondo punti di vista di giustizia sociale: ciò significa il superamento del rapporto salariale non dignitoso per l'uomo. La terra ed i mezzi di produzione non devono più essere comprati o trasmessi in eredità. Le prestazioni delle imprese devono venire finanziate mediante i prezzi dei beni di consumo, senza per questo motivare un diritto alla proprietà.

I centri produttivi devono esistere per i consumatori, essi devono venire amministrati direttamente dai lavoratori: ciò significa il superamento del potere della proprietà nel settore della produzione. In tal modo non esiste più alcun motivo per diprezzare l'ordine vitale (ecologia) della natura, poiché da tale disprezzo non ne risulterebbe più al-

to liberate and educate society is being put into practice by the German 'Green' party. Alternative economies have come to mean solidarity instead of competition, the defense, instead of destruction of life, and the satisfaction of everyone's needs in order to render human existence more dignified. Economic relations between capitalist and communist states must be replaced by an alternative system of efficient and existential justice through the utilization of Nature's energy resources, radically wiping out all social privilege and putting a form of technology worthy of man into action.

Power, in the private sectors of business and production, directed exclusively towards profit-making, combats this alternative process of solidarity in the same way that bureaucratic state planning does. Nature's fundamental principles should be well looked after, since no dignified human life can exist if they are not respected.

Men should be able to freely expand their work capacity, taking autonomous decisions on what ought to be produced and how it should be produced. Workers should collectively assume their respective responsibilities in the places where they work, and company directives should be democratically voted on by all people qualified to do so. To set up a system of self-administration, we need to see that elements from constituency councils, who assist in carrying out the duties of each working sector, independent of any profit or bureaucratic interference, will be considered.

The vehicle for democratic agreement will be factory meetings, citizens' meetings and local referendums. The solidarity-based organs of commerce will consequently give rise to relative production sectors emphasizing customer satisfaction. It will also be absolutely necessary to introduce a democratic monetary system. The essence of money in capitalist systems is to defy any form of democratic control. In other words, the questions of *what, how*, and *where* in the working process are decided only by those few who control finance. Human labor should no longer be able to be bought. A dignified salary should be assured in order to establish human rights in line with concepts of social justice. All this would involve the phasing out of undignified salary levels. Land and means of production should no longer be bought or handed down to heirs. Company loans should be financed by the prices placed on consumer goods without recourse to property rights.

Centers of production should exist for consumers and be administered directly by the workers. This will overthrow the power of property in the field of production. Then, disrespect for the order of life (ecology) will cease to exist, since once company profits are no longer linked to private rights (privileges), such scorn has no economic advantage on overturning of the principle of profit.

Forms of organization and coordination should be put into practice via a democratic banking system. How will such a system be possible? Through economically favorable legislation. How will such legislation be brought about? Through the will of the people. In this way, the existence of every man will be assured through a legally guaranteed minimum salary for the whole of his life, regardless of his production

cun vantaggio economico, una volta che i guadagni delle imprese non sono più in relazione con i diritti privati: ciò significa il superamento del principio di profitto. L'organizzazione ed il coordinamento devono venire effettuati mediante un sistema bancario democratico.

Come si realizza questo sistema? Mediante leggi economiche opportune. Come si possono creare queste leggi? Mediante la volontà popolare.

In tal modo viene garantita la sicurezza di esistenza per ogni uomo attraverso un guadagno base assicurato in ogni momento della sua vita, indipendentemente dalle sue capacità produttive: il che significa sufficiente nutrizione, abbigliamento, abitazione, educazione ed assistenza per la vecchiaia e per le malattie. Rendendo poi effettivi i due diritti fondamentali, e cioè: sicurezza di guadagno e attività lavorativa autoresponsabile (*Liberazione dal lavoro*). Scompariranno così la disoccupazione ed i privilegi di ogni tipo, le discriminazioni e gli svantaggi nella vita e nel lavoro delle donne.

Tutto ciò significa riduzione delle competenze dello Stato. Invece della statalizzazione della società va realizzata una destatalizzazione, per esempio, della scuola e dell'università, del livello di informazione della stampa, della radio e della televisione. I parlamentari diventano allora organi della democrazia di base. La Libera Unione del Mezzogiorno in sette anni riuscirà a liberarsi dal capitalismo dell'Occidente e da quello dell'Oriente. La stessa cosa viene fatta nella Repubblica Federale Tedesca dai *Verdi*.

Oggi arte significa tutto ciò e nient'altro.

Questo testo è stato scritto da Joseph Beuys il 16 Aprile 1981 per il quotidiano « Il Mattino » di Napoli, e non venne mai pubblicato.

capacity. This includes food, clothes, housing, education, pension and health insurance. By implementing these fundamental rights, namely, pay security and work self-responsibility (*liberation of work*), unemployment and privileges of any kind will disappear, not to mention discrimination and the disadvantages women suffer in their professional and private lives.

All these measures will necessitate the reduction of state jurisdiction, so that instead of a state-directed society, we will have one which is non-state-directed: in schools, universities, and information sources for the press, radio and television. Parliament assemblies will then become the vehicle for solid-based democracy. The Free Union of the Mezzogiorno will be able to liberate itself from both western and eastern capitalism in seven years. This same thing will be brought about in the German Federal Republic by the Green Party. Today art means all this, and nothing else.

This text was written by Joseph Beuys on April, 1981, for the newspaper of Naples « Il Mattino », which never published it.

Terremoto in Palazzo

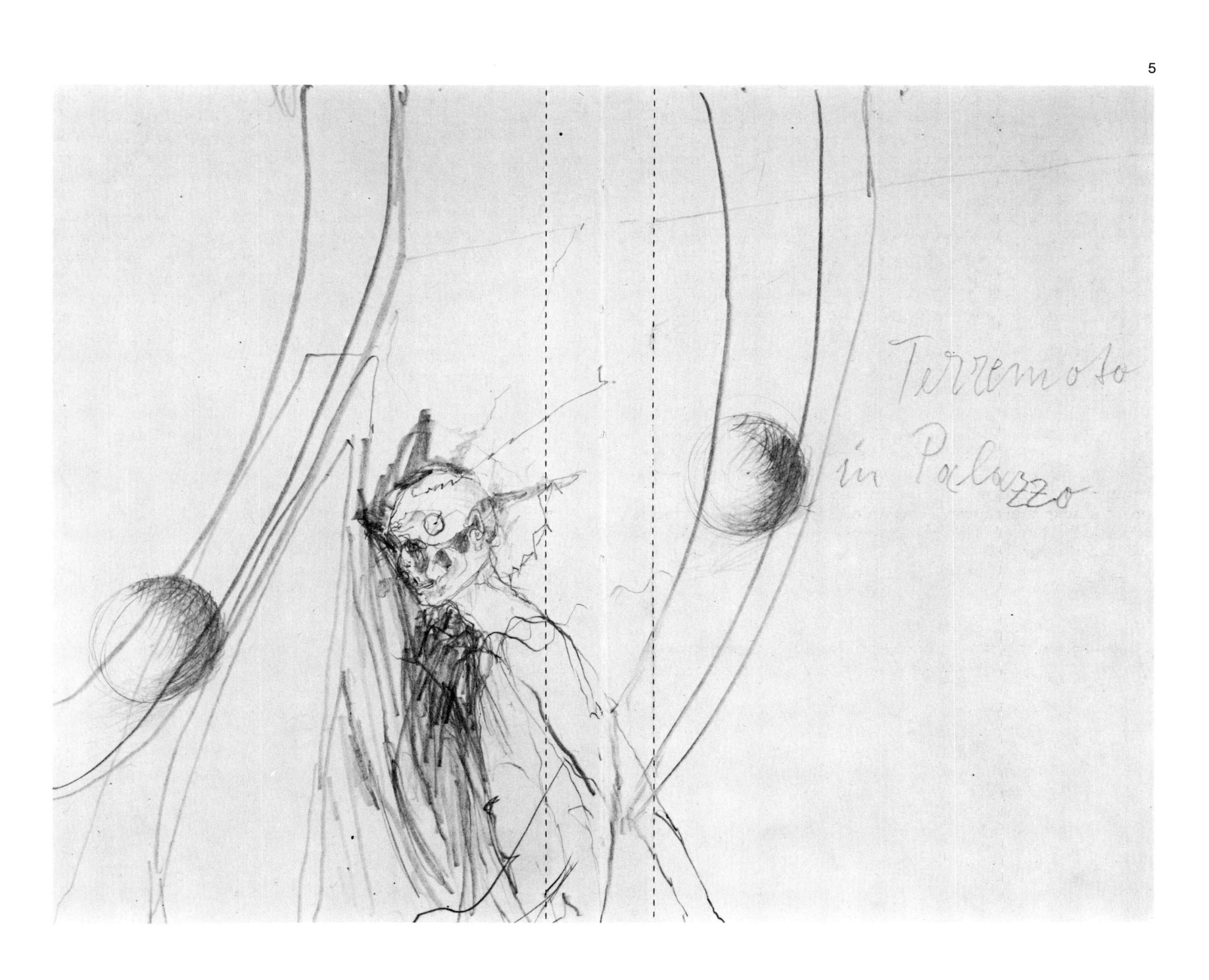

Naples: a dialogue
Lucio Amelio and Achille Bonito Oliva

Achille Bonito Oliva: Naples is a town where life is a moment by moment happening, outside of every project, outside of a comprehensive view, a fragmentary living. I would say that all this creates a consonance with today's art. It is not by chance that many transavantgarde artists are Neapolitans or of the central and southern part of Italy. Art in the Sixties and Seventies used to pursue a hidden ideality, the utopia to change the world through new and universal linguistics patterns, patterns of new rationality (process art, minimal art, conceptual art); its major personalities lived in northern Europe or in North America. I think that today there is a sort of anthropological refoundation of art, which could be called centermeridional. For art recovers its «genius loci» and a freedom, a fan-shaped sensibility, which leads art to put itself, regarding creativity, not in projectual, but in open, discontinuous terms, that is to say, catastrophic.

Lucio Amelio: I agree, and would even add that I felt this situation instinctively and swooped down into it like a vampire: I felt the urge to seize this catastrophic situation from a real and metaphoric point of view, confronting it with the creativity of some of the artists I work with. I've exhibited Neapolitan and foreign artists beginning with Beuys, the European artist who more than anyone else showed me this new way to proceed.

A. B. O.: The system of art I am interested in is a system founded by cultural outsiders. These men have authorized themselves to work, as we did, keeping that «genius loci», that anthropological identity which allows us to circulate with lightness, creativity and with that broad-mindedness, that disenchantment, that typical Neapolitan scepticism and stoicism. We are not orphans of any ideology, as we have an eternal mother: the Cuman Sybil.

L. A.: Regarding the Cuman Sybil, I have always refused to leave Naples, not for a useless defiance, nor for patriotism, but just because I believe that the only things we really possess are our origins, our roots. And it's very, very dangerous to get rid of them. The art critic can be nomadic, the gallerist cannot, because he has to work in a definite space and reality, that is, he has to excavate deeper each day.

A. B. O.: The critic is a traitor...

L. A.: The critic is a traitor and the gallerist must be faithful.

A. B. O.: You have realized a strange miracle: the one of constructing in such a catastrophic, discontinuous, wretched *African* town as Naples, a relish for young art, and around this relish you have managed to nurse along a group of collectors. The question is not to sink under the weight of our own roots, but to establish a growth coming from these roots.

In a town like Naples, inhabited since decennia by meridionalists dressed in English flannel, who perennially present the Italian meridional problem, in a city where every program fails because of a very different anthropology, absolutely unsynchronizable with the idea of a uniform project, art and culture, in such a troubled and earthquaked web, are the only fertile seeds from which things can spring up.

L. A.: That's why I believe in a political function of art. In this

così dissestato e terremotato, è l'unico seme fecondo da cui possono scaturire delle cose.

L. A.: Ecco perché credo in una funzione politica dell'arte. In questo senso di grande aiuto mi è stato Beuys, per come guarda all'arte e per la funzione che attribuisce all'arte. Mi pare ci sia stata in Italia negli ultimi venti anni un'attività sconsiderata nell'organizzazione artistica. Ora se si tiene conto invece che in America è esistito un professionismo incredibile che è riuscito ad esportare fenomeni e situazioni con estrema precisione...

A. B. O.: D'altra parte l'Italia è un paese di poeti e navigatori e non di marines, quindi le operazioni di sbarco che noi possiamo realizzare hanno come supporto la creatività specifica degli artisti, non certo un'organizzazione politica.

L. A.: Cioè bisognava creare un'alternativa...

A. B. O.: È interessante il fatto che, a dieci anni dalla prima mostra a Napoli, Beuys ha aderito al tessuto della città, all'idea fisica del terremoto, realizzando una mostra che si pone proprio nel cuore del problema, cioè dell'arte come produzione di catastrofe, un'arte che riesce a riportare la catastrofe a condizione di equilibrio: sottrarre la materia al caos e portarla allo stadio di uno splendore apollineo, formale.

L. A.: Anche Beuys ha operato in questa direzione che ritiene fertile; quando chiama la sua opera «Terremoto in Palazzo», il Palazzo è la testa dell'uomo ed è chiaro che la testa ideale dell'uomo la trova qui nel punto di stravolgimento e di sconvolgimento. La mostra è servita ad evidenziare che il lavoro è stato fatto lavorando con la scossa, sotto l'emozione di un profondo sconvolgimento della nostra società. Devo dire ad onor del vero che la prima grande mostra sul terremoto l'ha fatta nel novembre 1980 Nino Longobardi: ricordo che la sera che l'abbiamo aperta è arrivata una seconda scossa fortissima...

A. B. O.: Attraverso la scossa Napoli ha riconquistata una sua vitalità quasi *post-bellica*; il terremoto ha dato una sorta di mobilità sociale alla città, spingendo la borghesia incancrenita fuori dai suoi vecchi palazzi ed il sottoproletariato fuori dai bassi.

L. A.: Questa mobilità di cui parli ha creato una sorta di predominio della città anche a livello nazionale. Una vivacità, come tu dici *post-bellica*, che non ha riscontri in altre città italiane, arroccate nella loro tranquillità. A Napoli siamo riusciti a capire che è importante legarsi ad un tipo di concezione dell'arte non come operazione cosmetica più o meno legata a certi miti di internazionalismo avanguardistico, ma come legame stretto con la realtà.

A. B. O.: Proprio per quella concezione dell'arte come produzione di catastrofe, l'artista biologicamente è abituato a vivere con la scossa, da sempre. Sicuramente egli attraversa l'esperienza tellurica, non vorrei sembrare cinico, a passo di danza. C'è una curiosa coincidenza che vorrei segnalare: Enzo Cucchi proviene da una delle città più terremotate d'Italia, Ancona. Non tutto nell'arte è spiegabile, ormai fortunatamente i conti non tornano più, si opera in termini di contraddizione e di discontinuità; questo atteggiamento in una città come Napoli può trovare una natura fertile, dov'è possibile osservare l'arte come un feno-

sense, Beuys was very helpful to me; how he looks at art and what function he attributes to it. I believe in the gallery as an important instrument, not only for me, but moreover for the cultural growth of the town. At the same time, the problem was to escape from the avantgard's ritual, too much in fashion, the continuous following of one exhibition after another without a minimum of planning.

I think that in the last twenty years there has been in Italy a reckless activity in the art business, if one considers instead the United States where there has been an incredible professionalism which was able to export every event and situation with extreme precision...

A. B. O.: On the other hand Italy is a country of poets and navigators and not of *marines*, therefore the only landing manoeuvres we can justify are the specific creativity of artists, not certainly a political organization.

L. A.: That's to say, it was necessary to create an alternative...

A. B. O.: To choose eclectically the best from every field. It's interesting that, ten years after his first show in Naples, Beuys made another exhibition which stuck to the town web, to the physical idea of the earthquake. He did an exhibition that placed itself truly in the heart of the problem, that is, art as catastrophe production, an art able to take the catastrophe back to a condition of balance: to withdraw matter from chaos and bring it to the stage of an Apollonian, formal splendour.

L. A.: Beuys also swooped down into this situation that he believes is fertile. When he names his work «Earthquake in Palace», the Palace is the head of man and it is clear that the ideal head of man can be found here in a stage of wrenching and disorder. Beuys' work was done «trembling», under the emotion of a deep derangement of our society.

I must honestly say that the first great work on the earthquake was done by Nino Longobardi in November 1980, while the earth here was still trembling...

A. B. O.: Through the earthquake shock Naples has won back its *post-war* vitality; the quake has given a sort of social mobility to the town, forcing the gangrenous bourgeois out of their old palaces and the subproletarians out of the slums.

L. A.: The mobility you are talking about has created a sort of predominance of Naples, a post-war liveliness, as you said, which doesn't exist in other Italian cities, closed in the castle of their tranquillity. In Naples we have managed to understand that it is important to conceive art in close connection with the reality, not as a cosmetic process more or less tied to certain myths of avantgardistic internationalism.

A. B. O.: For that conception of art as production of catastrophe, the artist has always been biologically accustomed to live with shock. I wouldn't want to appear cynical, but he surely passes through the telluric experience with a dancer's step. There is a strange coincidence: Enzo Cucchi comes from one of the most earthquaked towns in Italy, Ancona. Not everything in art is explainable. One works in terms of contradiction and discontinuity. This attitude in a town like Naples can find a fertile nature, where one can look at art as a heroic, but also

meno eroico, ma anche naturale.

L. A.: Prima, non si sa perché, l'arte era diventata un'altra cosa, aveva perduto ogni significato.

A. B. O.: Sì, perché aveva perso la sua centralità, era stata penalizzata, inferiorizzata dal primato del politico, dal primato dell'ideologia, che in qualche modo richiedeva all'intellettuale ed all'artista dei gesti di pronto intervento. Invece l'arte è un intervento nei tempi lunghi: l'arte cavalca il futuro e scavalca il presente.

L. A.: Insomma l'arte serve a liberare l'uomo, non a decorare gli ambienti *à la mode* disegnati dagli architetti. Si era voluto dare all'arte il ruolo di cameriera del sistema consumistico.

A. B. O.: Ora invece l'arte, se ha ritrovato una sua centralità, lo deve anche al fatto che c'è un crollo di tutte le ideologie, di tutte le superstizioni politiche, ed in questo deserto, a mio avviso felice l'unica cattedrale edificabile è l'arte. Alcuni pensano ancora che l'arte possa essere progressista! L'arte è solo progressiva: è uno svolgimento su una linea del linguaggio. L'arte non è rivoluzionaria, né conservatrice. La transavanguardia, ad esempio, è caratterizzata dal nomadismo culturale, da una posizione di movimento, da una peripezia di accompagnamento dell'attività degli artisti.

L. A.: Un fenomeno del genere è esistito per quanto riguarda l'Arte Povera, ad esempio?

A. B. O.: È possibile ritrovare qualche sintomo di questa posizione nei disegni di Beuys, nelle opere di Van Elk, nei disegni di Gilbert & George, in alcune operazioni pittoriche di Merz e Calzolari, sintomi di recupero di una sensibilità individuale che poi ha trovato un maggior sbocco negli artisti della transavanguardia: in questo senso si recupera una sana mentalità dadaista che non crede nel copyright, non crede che esistano scuole invalicabili. È un atteggiamento di volubilità e di eclettismo culturale, una liberazione della sensibilità dell'arte fuori degli schemi ferrei della nozione di avanguardia.

L. A.: E qual'è secondo te l'origine di un tale processo di pensiero?

B. C.: La constatazione da parte dei giovani artisti, senza più alcuna disperazione, che si vive in un deserto in cui finalmente tutte le certezze e le superstizioni sono crollate, come i vecchi palazzi a Napoli.

L. A.: Un Terremoto in Palazzo!

A. B. O.: Un Terremoto in Palazzo, dove nello stesso tempo queste parole si caricano di una prospettiva creativa.

natural, phenomenon.

L. A.: Before, for a certain period, no one knows why, art was becoming something else, without any meaning.

A. B. O.: Yes, because it had lost its centrality, it had been penalized by politics and ideology, which asked the intellectual and the artist to supply gestures of first aid. However, art is an intervention of the long run: art rides the future and hurdles the present.

L. A.: Art serves to liberate man, not certainly to decorate apartments *à la mode* designed by architects. The function of art was misunderstood and art had acquired the role of a servant of the consumer system.

A. B. O.: If now, on the contrary, art has found again its centrality, it's because of the collapse of every ideology, of all political superstitions; and in this desert, which I consider happy, art is the only buildable cathedral.

Some still think that art can be progressist! Art is only progressive: it's a development on one line of the language. Art is not revolutionary, nor conservative. Transavantgarde, for instance, is an attitude of cultural nomadism, a position of movement, an accompanying vicissitude of the artist's activity.

L. A.: Did such a phenomenon exist for Arte Povera?

A. B. O.: It's possible to find some symptoms of this attitude in Beuys' work, in some drawings by Gilbert and George, in some painting by Merz, van Elk and Calzolari; symptoms of recovering an individual sensibility, wich later found a larger outlet in the artists of the transavantgarde. In this sense, it recovers a healthy dadaistic mentality that doesn't believe in copyrights.

It's an attitude of inconstancy and cultural eclecticism, a redemption of art sensibility from the very narrow schemes of avantgarde's notions.

L. A.: What do you think is the origin of this process of thought?

A. B. O.: The young artists, no longer having dispair, understood that one lives in a desert where finally all the certainties and superstitions had collapsed, like the old palaces in Naples.

L.A.: An earthquake in Palace!

A. B. O.: An earthquake in Palace, where at the same time, all these words are loaded with a creative prospective.

6

Carlo Alfano

Intervista con Michele Bonuomo

Michele Bonuomo: «Eco / Discesa» è il titolo della tua opera. *Eco* come essenza: la donna amata da Narciso che scompare nel nulla. Oppure, propagazioni di un suono da un punto di massima verso uno di minima, dall'alto verso il basso. Un corpo poi in caduta diagonale da sinistra verso destra è spezzato da un taglio...

Carlo Alfano: Le due sezioni del corpo spezzato sono l'una l'eco dell'altra: l'eco rimanda alla voce e viceversa. Nel mio lavoro è fondamentale il tema della duplicità. Nel mio caso il doppio non va inteso come sommatoria, bensì come condizione d'ambiguità in cui giocano il reale e il suo riflesso. Alla fine tutto oscilla tra questi «due» reali, o tra questi due falsi. L'eco, a sua volta, è una voce che si ripercuote e che va oltre la sua sorgente di origine, ma che sempre ha bisogno di un'emittente, di una matrice: così nel quadro le due parti staccate non possono agire autonomamente.

M. B.: La rottura della superficie della tela crea una sorta di frontiera, un momento contraddittorio tra le due parti...

C. A.: Certo, le due sezioni separate vivono due spazi diversi, prescindendo l'una dall'altra. Però, tale sdoppiamento stabilisce la memoria di un unico sogno: si crea, cioè, la stessa situazione di un corpo che dorme e che, contemporaneamente, sta sognando. Un'idea non si esaurisce nella sua esposizione: nella mia pittura l'uomo ha perso la solennità totale e la definizione dell'uomo rinascimentale.

M. B.: L'uomo, allora, non ha più centralità nell'universo, ha infranto il cerchio proporzionale in cui era stato racchiuso dal classicismo?

C. A.: La mia intenzione è di rappresentare qualcosa che non ha più centralità spaziale; e solo attraverso frammenti posso ricomporre un'identità perduta. In un quadro cerco di impossessarmi del non rappresentabile: questo è possibile soltanto fermandosi prima che inizi un racconto, prima che si formuli l'ipotesi narrante. Quello che mi interessa è lo spazio temporale in cui qualcosa sta per nascere. Tra il chiarore del giorno e lo scuro della notte la mia predilezione va tutta per le luci tenui dell'alba, dove gli unici colori sono il bianco e il nero. La pittura ha già rappresentato i due estremi del buio e della luce, del giorno e della notte, del movimento e della quiete; e lo stesso è stato fatto con le parole. A me interessa l'incertezza, la penombra tra tenebre e luce, sospeso nell'attesa di un giorno che non so quando arriverà. Mi piace stare sul confine del pensiero. La catastrofe in precedenza aveva per me un valore simbolico, mistico; oggi, di fronte alla terra che si scuote l'unica domanda da porre è alla materia stessa.

M. B.: Nel tuo lavoro il taglio, oltre che essere una sutura tra due uguali (due opposti), allude al disequilibrio della catastrofe...

C. A.: Dietro ogni rottura inserita nella tela c'è uno spazio fisico reale, quello cioè del mondo. Una divisione può avvenire solo tra elementi della stessa specie, e il risultato prospetta un altro spazio.

M. B.: Che differenza passa tra te e l'uomo classico che si poneva di fronte alle rovine?

C. A.: Winckelmann o Hamilton le hanno descritte, io ho vissuto la «rovina» nel suo divenire, di conseguenza non posso descrivere qualcosa che deve ancora finire e consolidarsi nella stasi. Oggi tutti noi stiamo partecipando ad uno sconvolgimento totale della natura, delle cose, del pensiero. In questo senso siamo dei veri e propri esploratori, ben diversi dagli uomini del Settecento che camminavano, dipingevano e scrivevano una storia conclusa: loro potevano solo guardare le rovine dall'esterno; a noi, invece, è dato calarci in profondità. In loro c'era l'ottimismo dell'archeologo che pensa di ricomporre i segni di una storia: oggi, invece, è impossibile ricostruire attraverso frammenti di pensiero. Le colonne sono soltanto pietre se viene a mancare il capitello...

Interview with Michele Bonuomo

Michele Bonuomo: «Echo / Descent» is the title of your work. *Echo*, as in absense – the woman loved by Narcisuss who disappears into nothingness, or rather the propagation of sound from its loudest to its softest point, from its highest to its lowest note. It's a falling body which, as it moves diagonally left to right, is split in two.

Carlo Alfano: The two parts of the broken body are both echoes of each other. My work fundamentally concerns the theme of duplicity. I don't interpret the term «double» meaning «addition», but rather as an ambiguous condition based on reality and its reflection. In the end, everything oscillates between these two real, or rather false, forms.

M. B.: The split along the surface of the canvas creates a kind of barrier, a moment of contradiction between the two parts.

C. A.: That's right. The two separate sections occupy two different areas and consequently keep each other apart. However, this doubling-up establishes the recollection of one single dream. By that I mean that it's the same as when someone's asleep but dreams at the same time. An idea doesn't get worn away by exposing it to public view. In my painting, man has lost that total solemnity and clear-cut nature of Renaissance Man.

M. B.: So, do you mean that man is no longer the fulcrum of the universe because he has broken out of the circle of proportion that classicism had locked him into?

C. A.: It's my intention to represent something that is no longer a central point in space. Only via certain fragments can I reconstruct a lost identity. In a picture, I try to grasp hold of things that are impossible to represent. This can only be done by stopping before starting to tell a story, and subsequently narrative theories are formulated. What I'm interested in is that very space in time when something's about to be created. Between the clarity of daylight and the dark of night, I'd rather have the tenuous black and white of the light of dawn. Painting has already depicted the extremes of darkness and light, day and night, movement and immobility. The same has occurred with words. I liked being on the edge of thought. In the past, catastrophes held a symbolic-shaken earth, that any questions we might care to ask ought to be directed at the earth's substance itself.

M. B.: In your work, the split, besides being a seam stitched from two equal (different) parts, alludes to the lack of balance which is inherent in any catastrophe.

C. A.: Behind every split in the canvas there is a real physical space, I mean, part of the world. A division can come about only between elements of the same type, and results in revealing even more space.

M. B.: When faced by the prospect of ruin, what is the difference between you and «Classical Man».

C. A.: Winckelmann or Hamilton *described* it, while I have only experienced «ruin» in the making. Consequently, I can't describe something which isn't over or which has yet lapsed back into stasis. Nowadays, we're all a part of a total disorder reflected in nature, concrete objects and abstract thoughts. In this sense we are really explorers, but we're quite different from those of the Eighteenth Century who travelled, painted and wrote more complete stories. They could only observe ruin from the outside while, we, on the other hand, have the opportunity to dig down to its very deepest depths. In those days, archeologists were people who believed they could reconstruct the symbols of history. Today, however, it's impossible to reconstruct anything from fragments of thought. After all, without their capitals, columns are nothing but stones!

7

8

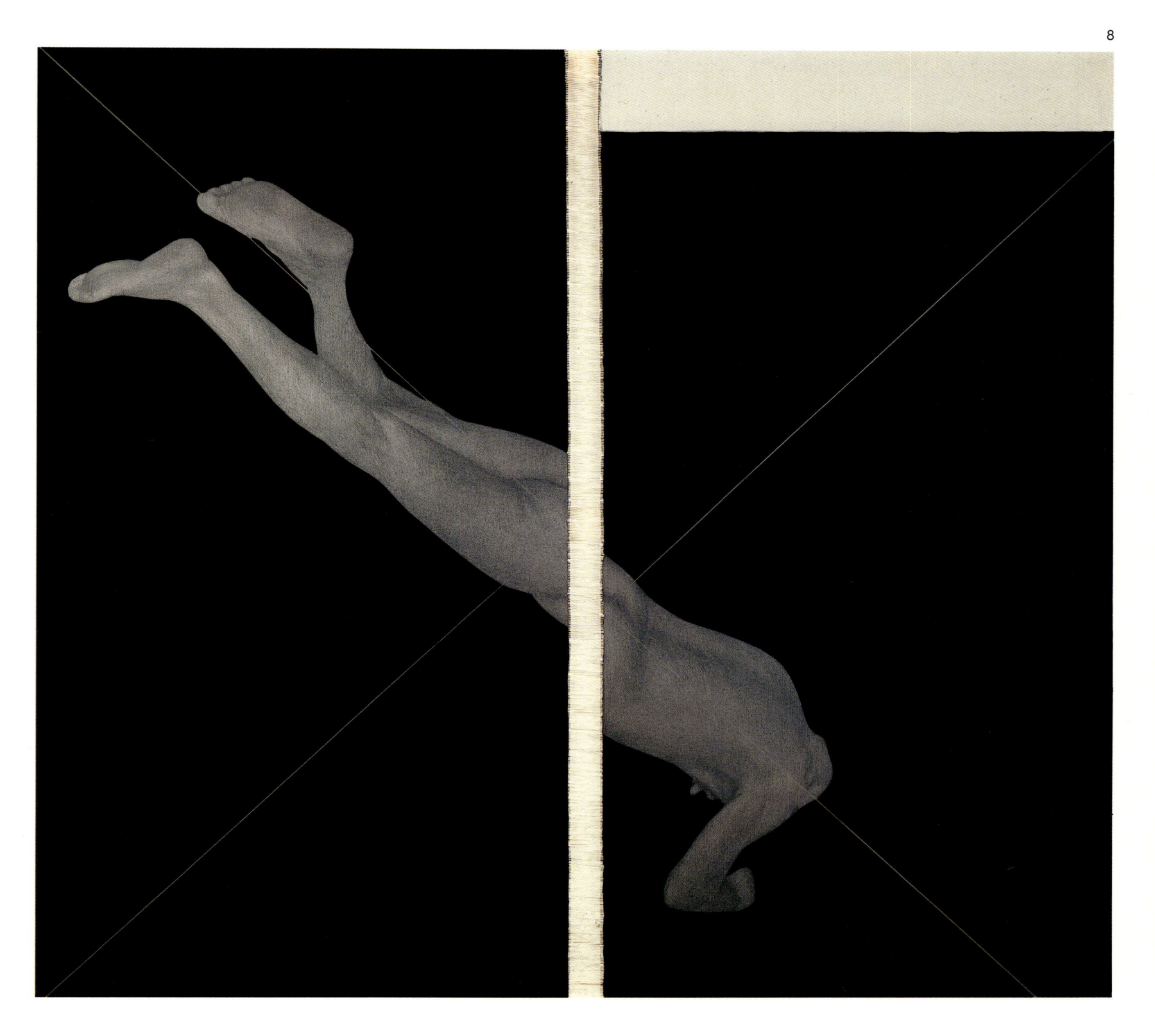

studio per narciso

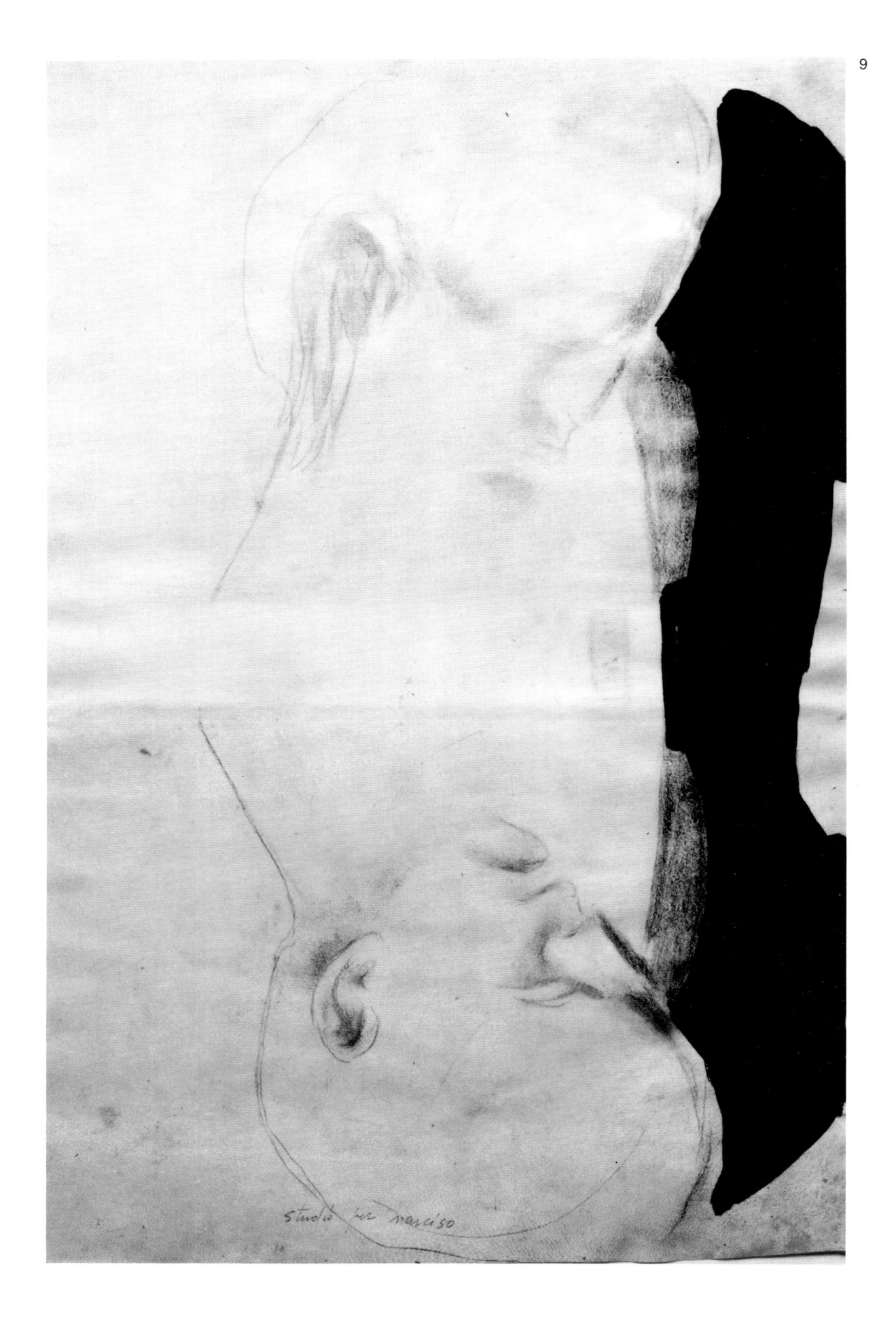

Siegfried Anzinger

Intervista con Peter Weiermair

Peter Weiermair: Si è sempre considerata la pittura neoespressiva e neofigurativa in Austria come un movimento, benché le singole individualità appaiano sempre più evidenti, e d'altra parte si sono definiti i suoi collegamenti trasversali con l'arte degli anni Venti, l'espressionismo austriaco e nel tuo caso con l'arte di Richard Gerstl. Cosa pensi di tutto ciò?

Siegfried Anzinger: Non ho mai considerata tradizionale l'arte del passato, per cui il problema della tradizione per me non si è mai posto, e credo che non si ponga neppure per i miei amici pittori austriaci ai quali mi sento molto legato. Comunque non c'è mai stato un gruppo e penso che non ci debba mai essere.

P. W.: L'ultima generazione della pittura austriaca si distingue da quella tedesca per una mancanza di tensione sociale, l'una – se si vuole – idilliaca, in realtà espressa nel lavoro attraverso un'intensa espressione spontanea, l'altra caratterizzata da un'eccessiva traduzione di esperienze legate al corpo. Secondo te in che direzione si muovono più decisamente gli artisti dell'ultima generazione in Austria, verso Nord o verso Sud?

S. A.: Penso che ci muoviamo in una direzione non politica, forse verso un'immagine temporale e non storicizzata dell'uomo (nell'ambito della stessa l'uomo può anche essere assente). Questa immagine è basata su di un concetto idealistico che viene guidato esclusivamente da principi estetici ed etici. In tal senso ci consideriamo più vicini alla pittura italiana che a quella tedesca.

P. W.: La collezione *Terrae Motus* suggerisce un tema che, in una sorta di visione quasi atemporale, coincide con il tema della morte. Che importanza ha per te questo tema?

S. A.: Il tema della morte nell'arte austriaca è presente con la stessa naturalezza con cui è presente nell'arte francese il fascino della borghesia.

Interview with Peter Weiermair

Peter Weiermair: Neo-expressive and neo-figurative painting have been always regarded as a movement, even though its individual personalities are becoming more and more prominent in Austria. Also its cross relationships with the artistic production of the twenties, with the Austrian expressionism and, in your case, Richard Gerstl's art have been clearly defined. What do you think about that?

Siegfried Anzinger: I have never regarded past artistic movements as traditional, so I never thought of any problem labelled as tradition, and I think that the same holds for my Austrian friends, whom I am very attached to. At any rate, there has never been a group; and I think that we should always go on this way.

P. W.: The last generation of Austrian painters differs from the German one for a lack of social commitment, being the former idyllic, if you wish, in its intense spontaneous expressions, whereas the latter is characterized by an excessive translation of bodily experiences. Which is, in your opinion, the direction more definitely taken by artists of the last generation in Austria, are they going southward or northward?

S. A.: I believe that we move in a non-political direction, maybe towards a temporal and non-historicized image of Man (in the framework of which Man can even be absent). Such an image is based upon an idealistic concept which is governed exclusively by aesthetic and ethical principles. In this respect, we feel closer to Italian painting than to German painting.

P. W.: The collection *Terrae Motus* suggests a theme which, in a sort of almost atemporal vision, coincides with the theme of death. What is the importance of this theme for you?

S. A.: Austrian art deals with the theme of death as naturally as French art deals with the theme of the fascination of the bourgeoisie.

10

11

12

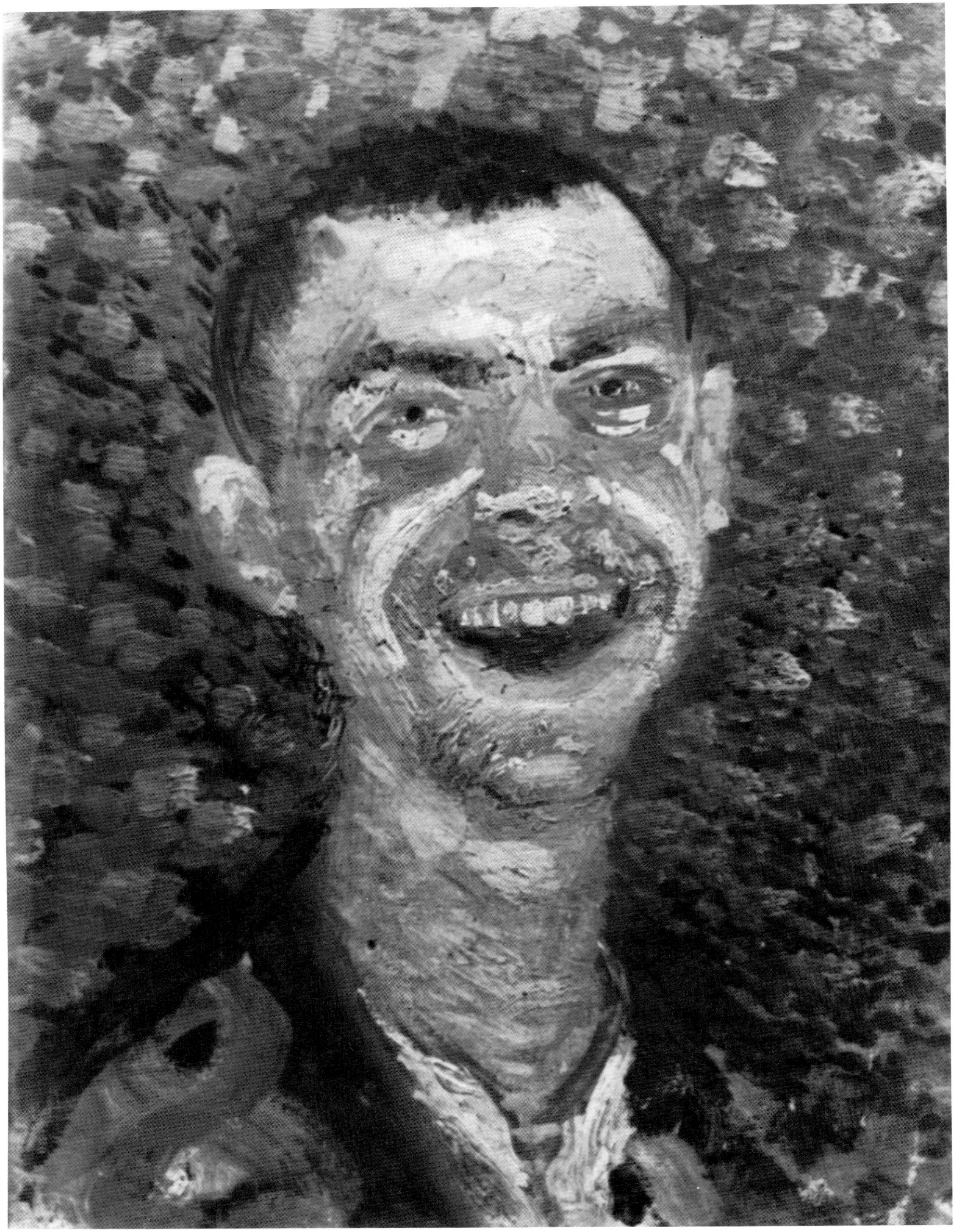

Miquel Barceló

Intervista con Helena Vasconcelos

Miquel Barceló dipinge in piedi, chinato sulle tele, disteso a terra o nella spiaggia. Gli piace l'idea di esporre i dipinti all'aria aperta per osservare l'erosione causata dal vento, dalla salsedine, dalla sabbia ruvida. La musica, prevalentemente Ravel, gli fa compagnia mentre lavora.

Nel suo studio, da un chiodo pende un paio di guantoni da boxe di un rosso acceso, poiché, come egli stesso afferma, il pugilato è uno sport che ama praticare «in palestra, non sul ring».

Helena Vasconcelos: Miquel, quali sono gli avvenimenti più importanti della tua vita?

Miquel Barceló: La mia famiglia si divide in due parti: la «buona» e la «cattiva». La «cattiva» è quella che include coloro che hanno prodotto la ricchezza della famiglia: contrabbandieri e fornitori di sogni, gente che è venuta in contatto con la cultura intensa; tale cultura è caparbiamente ignorata dagli altri preoccupati di conservare la ricchezza che l'altra parte dissipa. Io appartengo a quella «cattiva». Dipingo da 10 anni; quando avevo 15 anni dipingevo ogni giorno, ma non pensavo di trarne un guadagno. Avevo amici che erano nel mondo della musica pop: la mitologia di allora faceva desiderare di essere chitarrista dei Rolling Stones, di essere ricchi, famosi, di conquistare tutte le donne affascinanti del mondo. Decisi di essere un pittore: sembrava un'idea suicida; non mi ero mai sognato di far soldi o di guadagnare una posizione sociale dipingendo. Oggi i chitarristi pop possono diventare pittori, va molto di moda...

H. V.: Qual'è, secondo te, il ruolo di un artista nell'evoluzione di una cultura?

M. B.: Si impara a «sentire» attraverso gli occhi di un artista, che contribuisce ad una più chiara percezione del mondo.

H. V.: Qual'è, secondo te, l'importanza del pubblico?

M. B.: Non mi sono mai reso conto dell'esistenza di un pubblico, mai. Inoltre mi meraviglio del fatto che ci sia un pubblico. Ho un rapporto fortemente narcisista con i miei quadri. I critici continuano a dire che il mio stile è violento, selvaggio, il che è completamente errato. È l'opinione di chi guarda solo gli aspetti più superficiali del mio lavoro, un lavoro che sembra aspro a prima vista. Io rispetto più l'opinione dei galleristi, che di solito sono più informati dei critici.

H. V.: Il contatto con la natura sembra essenziale per te. Ti ispiri più alla natura o ricerchi i tuoi soggetti anche nella storia dell'arte, nella letteratura, nel cinema?

M. B.: Sono nato a Maiorca, un'isola a sud dell'Europa, ma in seguito ho vissuto in diverse città ed è stato nelle città che ho creato i miei dipinti. La Storia dell'arte, come tutte le storie, è qualcosa che ognuno di noi dovrebbe ricreare, ricostruire. È un po' difficile da spiegare, ma mi sento molto vicino a Rembrandt, a Caravaggio, a Tintoretto, a Tiziano, a Velazquez, a Goya. Il modo in cui preferisco spiegarlo, poeticamente intendo, è il seguente: Tintoretto nacque nell'anno in cui morì Giorgione, e morì nell'anno in cui nacque Rembrandt, e così via... Quest'idea di una catena perfetta continua fino a Monet, il quale morì nell'anno in cui nacque Jackson Pollock... Mi piace immensamente l'idea della catena, che ci trasporta fino al presente molto velocemente. È come se Giorgione fosse un nostro contemporaneo, non qualcuno risucchiato verso l'abisso del tempo, chiuso nei musei, non qualcosa ricoperto dalla polvere. È un modo di rendere ogni cosa fremente come un terremoto.

H. V.: Come sei giunto al tuo lavoro per *Terrae Motus*, «L'ombra che trema»?

M. B.: Ho realizzato questo lavoro a Napoli nel 1983. È un autoritratto: mi sono rappresentato nell'atto di dipingere. L'ombra sembra riflettere l'altra parte di me stesso ed allo stesso tempo è la distruzione dell'ordine.

Interview with Helena Vasconcelos.

Miquel Barceló paints standing up, leaning over the canvas, which is stretched out on the beach sand of a peaceful village on the southern coast of Portugal. He is pleased with the idea of exposing the paintings to the open air, to observe the erosion caused by the wind, the salty air, the roughness of the sand. Music, mainly Ravel, accompanies him during the work. In his house, from a nail, hangs a pair of red boxing gloves, boxing being a sport he enjoys practicing «in the gym, not in the ring», he says.

Helena Vasconcelos: Miquel, what are the important events of your life?

Miquel Barceló: My family is divided into two parts: one «good» and one «bad»; the «bad» being the one that includes those who produced the wealth of the family – smugglers and builders of dreams, people that had access to a vivid culture which was stubbornly ignored by the «good» side. The «good» side only worried about the conservation of the wealth which the other side dissipates. I, myself, am part of the «bad» side. I have been painting for ten years. When I was fifteen, I painted everyday, but I never thought I would get money from it. My friends were into pop music, they dreamed of playing guitar with the Rolling Stones: to be rich and famous, to get all the beautiful women in the world before turning thirty. I decided to be a painter, it was a suicidal idea...

H. V.: What is, in your opinion, the role of an artist in the evolution of our culture?

M. B.: One learns to «feel» through the eyes of an artist, which contributes towards a clearer perception of the world.

H. V.: What is the importance of the public?

M. B.: I have never been aware of the existence of a public, never. Besides, I am astonished with the fact that there is a public. I have a strong narcissistic relationship with my work. Critics say that my style is «brutal», wild, which is a complete mistake. This is only the most superficial aspect of my work, a work which might look harsh on a first approach. I respect more the opinion of dealers, who usually are more well-informed than most ciritics.

H. V.: The contact with nature seems essential for you. Do you extract your themes from nature, or do you search also in the history of art, literature, cinema...?

M. B.: I was born in Mallorca, the island in the south of Europe: I lived mostly in cities thereafter, and it was there where I made most of my work. The history of art, like all histories, is something to reconstruct, recreate. It's a bit difficult to explain, but I am very close to Rembrandt, of course to Caravaggio, Tintoretto, Tiziano, Velazquez, Goya. I prefer to explain it in a poetic way: Tintoretto was born the year Giorgione died, Caravaggio born the year Tintoretto died, Rembrandt born the year Caravaggio died, and so on. This idea of a chain, a perfect chain continues until Pollock's birth... I enjoy immensely this idea of a chain, which brings us to the present so quickly. It is as if Giorgione was here today, not someone removed to the abyss of museums, covered with dust. In this way, everything quivers as an earthquake.

H. V.: How did you come to make your work «The shadow which trembles»?

M. B.: I made this work in Naples in 1983. It is a self-portrait: I portrayed myself in the act of painting. The shadow seems to reflect another aspect of myself, and at the same time the crumbling of all order.

13

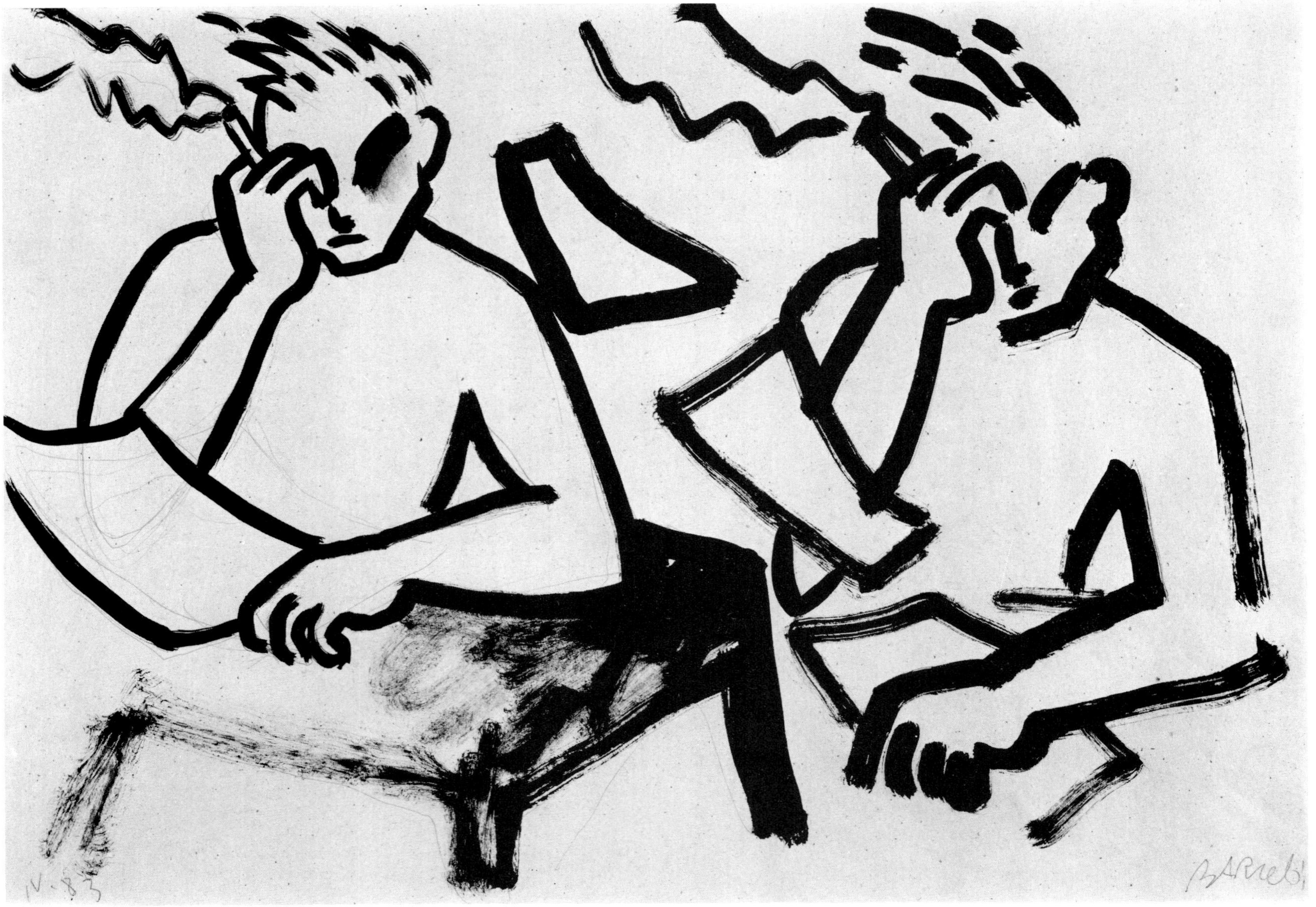

14

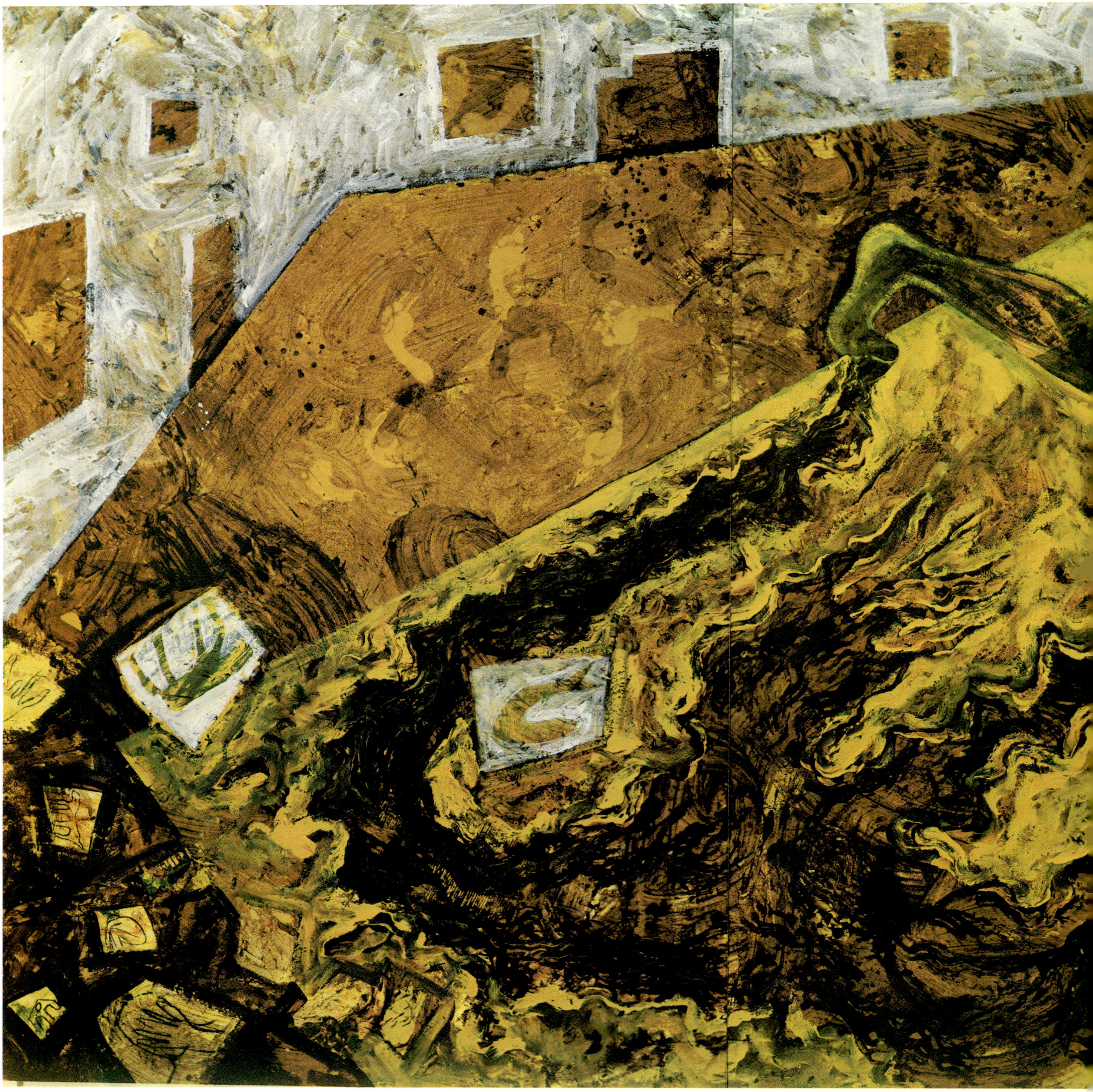

15

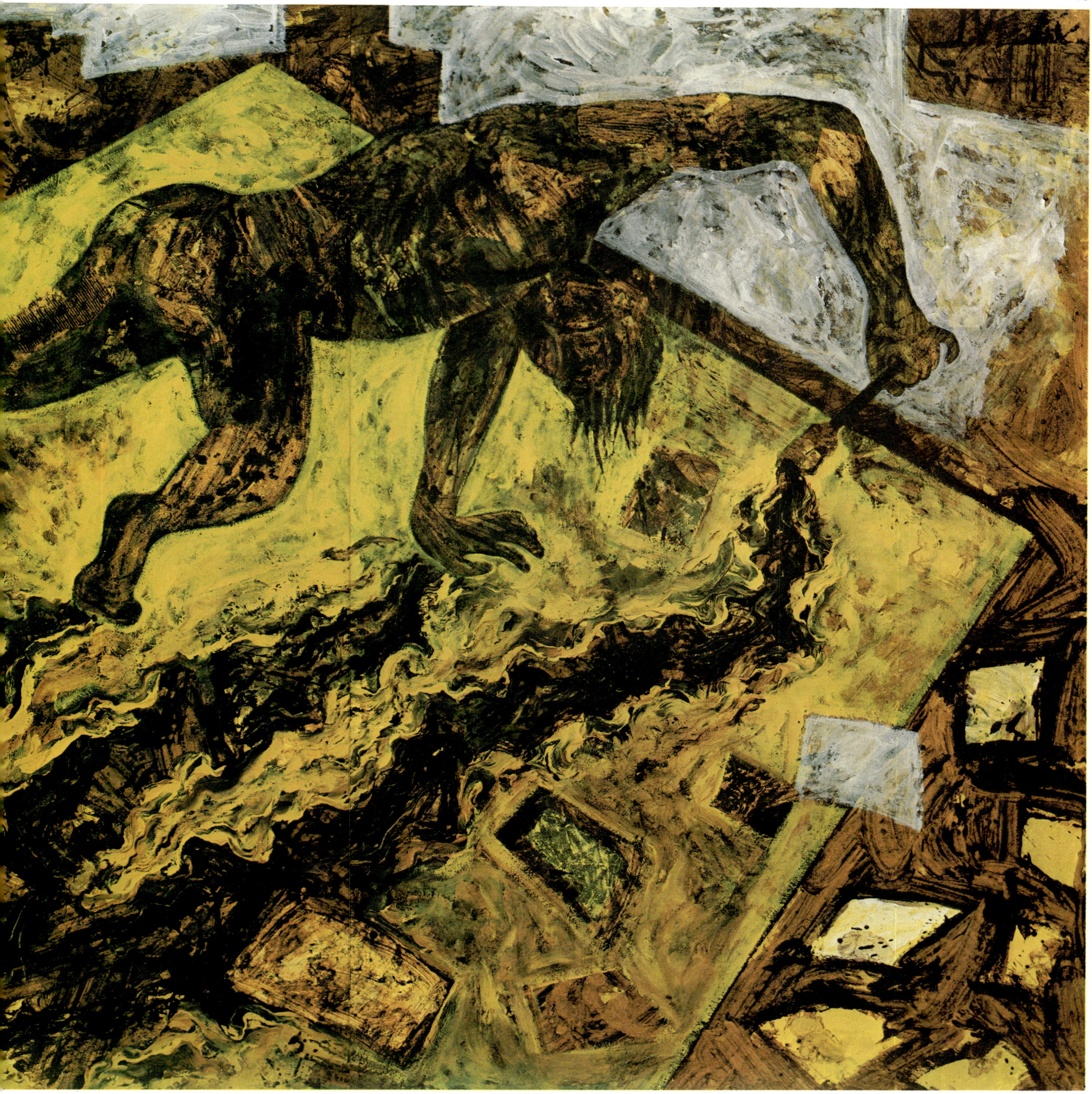

16

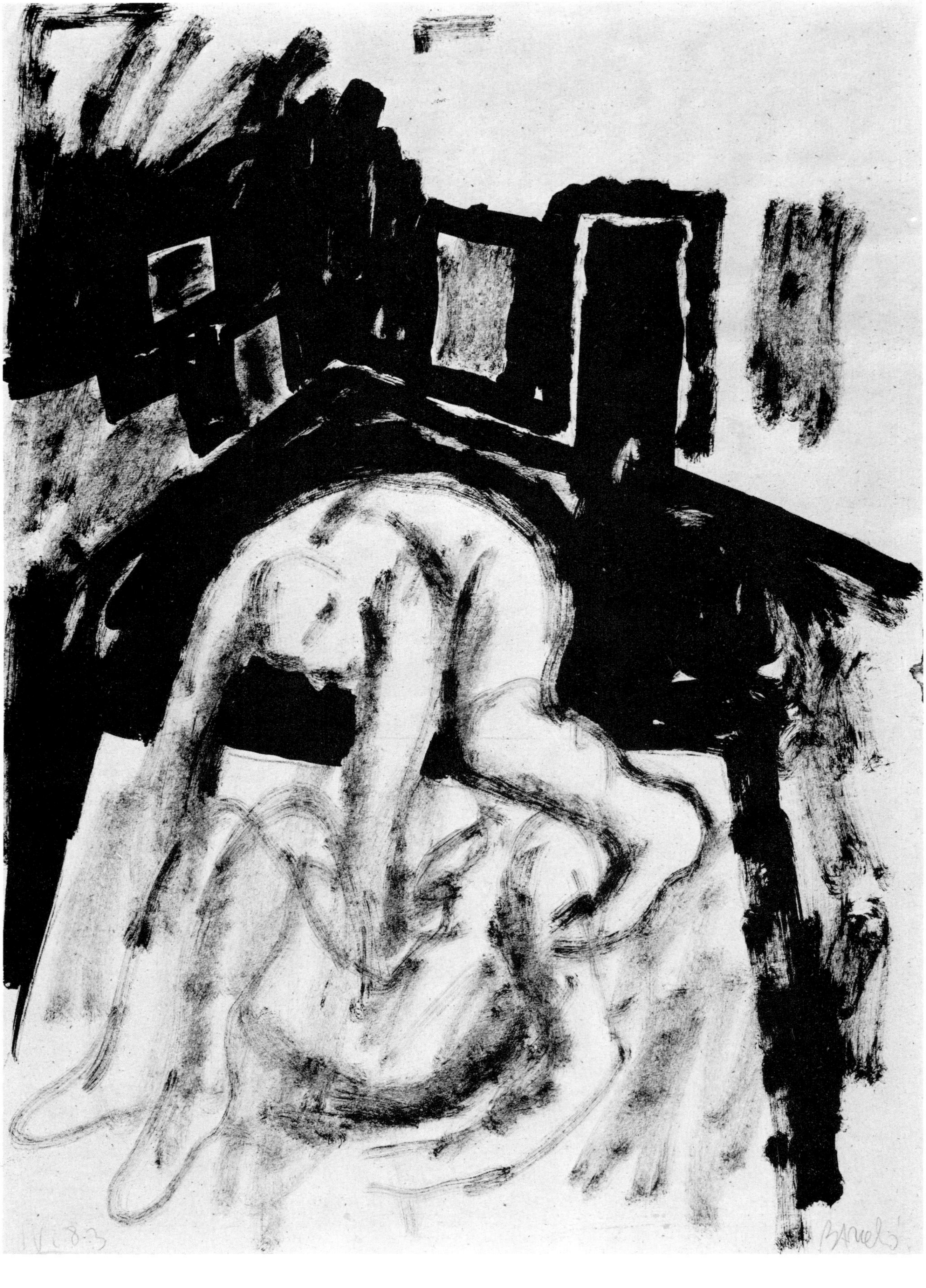

17

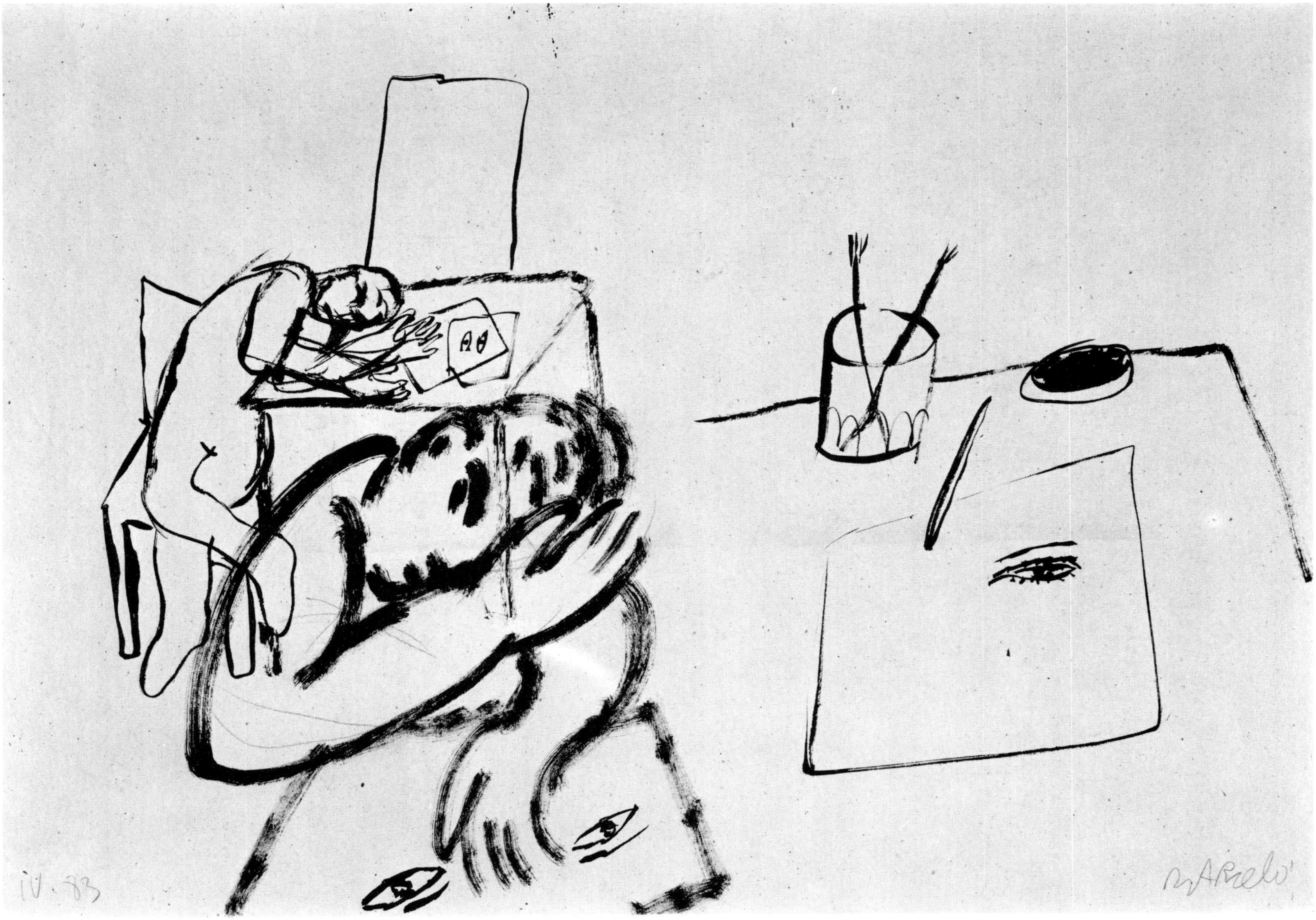

18

Joseph Beuys

Intervista con Michele Bonuomo

Michele Bonuomo: Beuys, il terremoto ha trasformato Napoli in una «situazione artistica», in una realtà cioè in cui l'idea di equilibrio (da quello più strettamente fisico a quello politico) è andata in crisi.

Joseph Beuys: La situazione dovrebbe essere in questo senso, mi ha meravigliato però l'assenza, dopo il terremoto, di una realtà di maggior movimento nel Mezzogiorno. Per quanto ne sappia la situazione è stranamente calma, in un certo senso tranquilla già da un pezzo.

M. B.: Penso che tu alluda alla situazione politica. Per ora preferirei che il discorso restasse all'interno del lavoro svolto in due settimane a Napoli nell'aprile dell'81...

J. B.: Il lavoro voleva essere un'esemplificazione del problema centrale dell'equilibrio. Si sa, l'equilibrio va cercato, in realtà non esiste: manca nella società attuale un equilibrio di tipo economico, mentre quello di tipo ecologico è ancora presente in natura. È importante, allora, avere quest'ultimo a modello.

M. B.: In questo lavoro c'è stato da parte tua una sorta di identificazione con il terremoto...

J. B.: Forse si. In quell'occasione diventai un'antenna dell'energia, del fuoco che esiste nelle viscere della terra. Evidenziai una vitalità, e non solo gli elementi di catastrofe, e in senso più lato la creatività «presente in natura».

M. B.: L'energia accumulata nei tuoi lavori come viene distribuita agli altri?

J. B.: Tutto il mio lavoro è caratterizzato da due momenti: quello immaginario, visuale; e quello dell'equilibrio, quello cioè spirituale. I due momenti sono poi trasmessi nel testo. Quanto scrissi in quell'occasione è parte integrante del lavoro svolto a Napoli. Tutto lo scritto si condensa nella frase che dice: *Uomo tu possiedi la forza della tua autodeterminazione*.

M. B.: Beuys, tu sei un artista e un politico, che indicazioni possono venire da una realtà del genere?

J. B.: Intanto non va dimenticato che l'artista è un esempio storico: la sua funzione è quella di rendersi conto del limite del concetto tradizionale di arte. Questo concetto, nel quale inserisco anche l'arte moderna, era arrivato ad un punto tale da non riuscire più ad esprimere la totalità della realtà. È stato allora necessario arrivare ad un elemento vulcanico nell'arte che ne spezzasse i limiti, coinvolgendo l'uomo in un più vasto processo creativo. L'artista è il catalizzatore della creatività degli individui per la realizzazione della scultura sociale, e per un allargamento del concetto di arte.

M. B.: Sarebbe opportuno allora un terremoto a scala mondiale...

J. B.: Non in senso fisico. Sicuramente ne servirebbe uno che sconvolgesse l'animo umano. Nel mio lavoro è sempre esistito il concetto di calore, di variazione termica, di scultura termica. Questi valori non sono presenti solo nella Terra, ma nello stesso uomo. Quando anni fa parlavo di scultura termica non mi riferivo a qualcosa di statico, alludevo ad una scultura che avesse al suo interno questo carattere di «potenziale esplosivo» di energia; e che – allo stesso tempo – diventasse una metafora del pensiero.

M. B.: Da questo punto di vista Napoli ha tutti i caratteri per essere considerata una scultura sociale...

J. B.: Le condizioni di una scultura sociale a Napoli da una parte possono apparire favorevoli, da un'altra particolarmente difficili: così com'è la situazione, caratterizzata da una estrema precarietà fisica, il concetto d'arte s'identifica con quello di sopravvivenza. Diventa cioè un problema individuale. In tale situazione ogni sistema è buono, tanto quello capitalistico quanto quello comunista. Da secoli i napoletani sono abituati a limitarsi al concetto di sopravvivenza: nella famiglia, nel quartiere, nella città. È difficile, allora, convogliare in una sola direzione le forze che esistono: si tratta di coordinare tutte le forze sociali, che qui sono particolarmente buone, per un traguardo finale che vede il Mez-

Interview with Michele Bonuomo

Michele Bonuomo: The earthquake changed Naples into an artistic location, a place where the idea of balance, from the more clearly defined physical aspect to its political one, has hit a crisis point.

Joseph Beuys: That's the way the situation ought to be considered; however, I was astonished at the lack of greater movement within the Mezzogiorno after the quake. As far as I know, the situation has been quite calm and, in a certain sense, tranquil for quite a while now.

M. B.: I gather you're referring to the political situation. For the moment though, let's look at your work done in Naples for two weeks in April, 1981.

J. B.: The work I did was meant to exemplify the central problem of *balance*. Everyone knows that balance has to be searched for, although in reality it doesn't exist. Not even in today's society can you find any economic balance, whereas ecological balance still exists in nature. It's important therefore, to take the latter form as a model.

M. B.: In that work, was there any identification on your part with the earthquake?

J. B.: Maybe. In that work I became a sort of 'energy-aerial', the energy being the fire that lives in the bowels of the earth. I experienced a sense of *vitality* and not just the elements of catastrophe. In a broader sense, it was the creativity that is present in Nature.

M. B.: How is the energy which is built up in your work transferred to others?

J. B.: All my work is characterized by two moments: the visual image and *balance*, spiritual balance that is. These two moments are transmitted via the text. What I wrote on that occasion is an integral part of the work done in Naples. All the rest can be condensed into one phrase which says, « Man, you possess the force of your own self-determination ».

M. B.: You are both an artist and a politician. What conclusions, in your opinion, can be drawn from a situation of this kind?

J. B.: Well, first of all, it shouldn't be forgotten that an artist is an *historical* figure whose job it is to realize what the limits of the traditional concept of art are. This concept, which I would even apply to modern art, had sunk to such a point that it was no longer able to express the whole of reality. It was therefore necessary to arrive at a volcanic artistic element which would smash through any boundaries and involve Man in a vaster creative process. An artist acts as a catalyst towards the creation of what I call a *social sculpture*.

M. B.: In that case, a worldwide earthquake wouldn't be such a bad thing!

J. B.: Not in the physical sense, but it would definitely be useful in overturning the human soul. There has always been the concept of heat and thermal variation in my work. These values are present not only in the earth, but also in mankind itself. Years ago, when I spoke about thermal sculpture, I wasn't referring to anything static, but rather to a type of sculpture that would have as its source the element of the explosive potential of energy, which becomes a metaphor for thought.

M. B.: From that point of view, Naples has all the characteristics necessary for its being considered a social sculpture.

J. B.: The conditions of a Neapolitan social sculpture can seem favorable on one hand, but particularly difficult on the other. As the situation stands today, there is an extreme physical precariousness, and the concept of art is identified with that of *survival*. In that way, it has become quite a unique problem. In a situation like this, any system is a good one, whether it be a capitalist one or a communist one. For centuries, Neapolitans have been used to thinking only about survival on a family, district, or city level. So, it's difficult to direct the existing forces in *one* direction only. It's a question of coordinating all the

zogiorno completamente riscattato e rinnovato. Un modello del genere può essere realizzato: il Mezzogiorno lungo questa strada può assurgere a modello internazionale.

social forces, which are particularly strong here, in order to arrive at a final goal which would see the Mezzogiorno totally redeemed and completely renovated. By following that route, the Mezzogiorno could emerge as a model for other countries to follow.

19

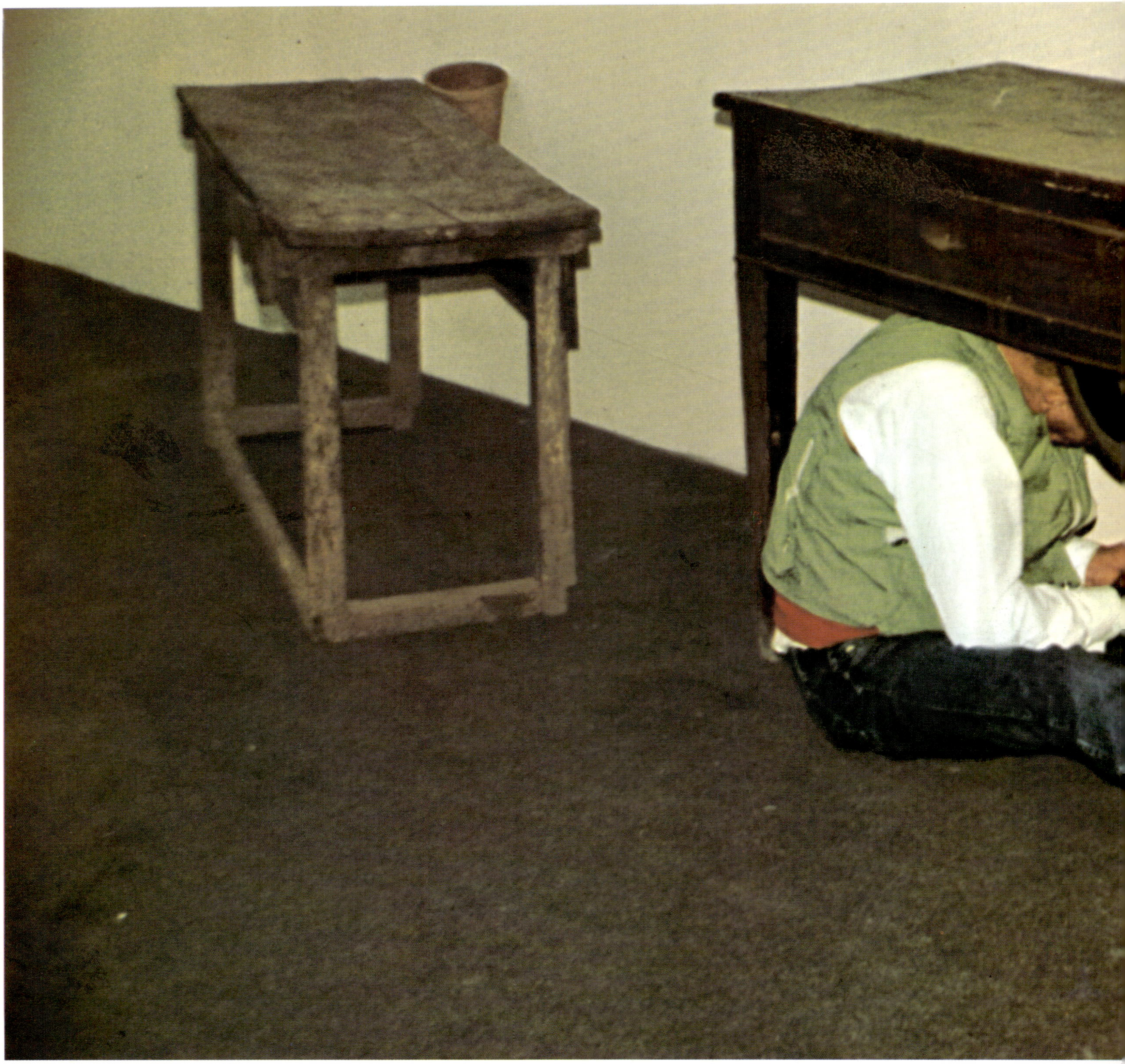

20

21

54

22-25

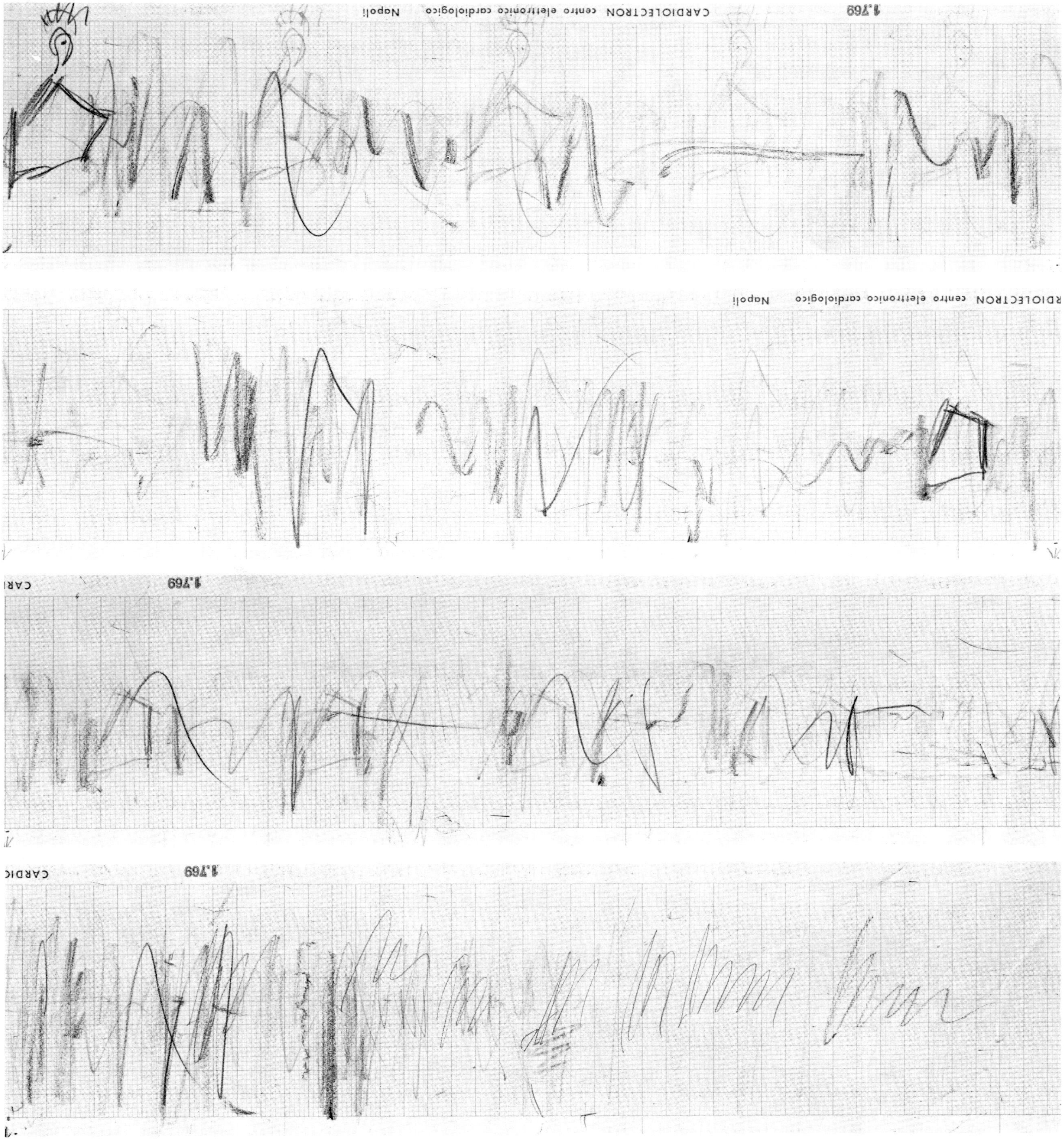
CARDIOLECTRON centro elettronico cardiologico Napoli
1.769

26

James Brown

Interview with David Robbins

David Robbins: Do you see much 'Americanness' in your art?

James Brown: I'm pretty much outside the general stream of American art, because I lived in Europe during the entire period my adult concerns were being formed. I didn't get a chance to really get into 'America' as subject matter. I was raised in California, but it wasn't the California that most people envision. My family was not the snazzy California thing everyone thinks of; they had a different style. We couldn't watch cartoons on Saturday mornings, we had to go hike or weed, just get out of the house. We lived in a dark house with wood floors and wrought iron; it was definately Spanish and passionate.

D. R.: You were educated by Jesuits? Were you going to become a priest?

J. B.: Yes, for all those fantastic superficial reasons that the Catholic Church used to be so great: if you were a monsignor you got to wear black and magenta, and magenta gloves; you could say Mass and everything was gold, there were candles and incense. At a funeral you could wear a big black cape. The ritual! The way I work now is a ritual: getting up in the morning, going to the studio, working through the day, making drawing after drawing. At Mass, who cares if you understand what they're saying? When you hear it in Latin it's fantastic for the very reason that you cannot understand it. People are trying to bring that kind of mystery back into their lives. The more modern we become, the more mystery is taken out of us. Making religion unmysterious is like explaining how a joke works.

D. R.: Where do your images come from?

J. B.: Primitive art. I go to museums a lot and draw there. I get my colors from fabrics and from the body.

D. R.: Is your work autobiographical?

J. B.: No, it's generally problem-solving. I generally start out with some monstrosity and try to fix it up.

D. R.: Are you a fan of the ugly?

J. B.: These days, being a fan of the ugly is being a fan of total beauty. My colors may be muddy, but they're *pretty* muddy. To sit down and say to myself, « Now I'm going to make something beautiful », is insane. It will turn out incredibly bad.

D. R.: Does it seem odd to you to make pictures of such ancient things in an electronic age?

J. B.: You create your own world. This is an electronic age, certainly, but it's valuable to see things that are so very old. The contrast is itself interesting. We live in a sophisticated, technological society, and for me it's a relief to surround myself with things that are older and cruder, yet somehow, more elegant. I don't know why, but I don't think we're at a point where the 'space' age is as fantastic as we thought it'd be. People may not be ready for it. Remember those sleek space cars one would see on TV in the 1950's? Where are they? It would be easy for Volkswagen to design a long bullet car that everyone would want. Why hasn't that happened yet? Instead we get these ugly dumpy Fords. Who wants a Ford?

D. R.: The return to painting, to wetness and touch, is a reintroduction of sex to art. The response to the return of pleasure and beauty in art, as ushered in by your generation, has met with some strong opposition.

J. B.: It's the return of love, not just sex. For some people, beauty in art is not enough. They feel they're getting ripped off in some way. I think, on the contrary, that it is quite enough. The kind of people that feel beauty's not enough, and need 'intellectual' content and historical progression and historical self-reference, are attracted to a kind of fake science.

D. R.: What is the artist's role today?

J. B.: People need art, drama, literature, human activities. The world is

D. R.: Qual è il ruolo dell'artista oggi?

J. B.: La gente ha bisogno di arte, di teatro, di letteratura, di attività umane. Il mondo cambia così in fretta, tutto è così incerto. La gente ha la necessità di conservare l'elemento umano nella propria vita. L'artista deve formulare nuove domande, aprire la gente a nuove risposte.

D. R.: L'artista ha una responsabilità verso qualcosa in particolare?

J. B.: Non come artista, ma come individuo. Credo che sia importante essere una persona responsabile. Nell'idea di voler esser qualcosa, c'è la responsabilità di esserlo. C'è tanta gente che vuole essere qualcosa di diverso da ciò che è. Si è responsabili verso la gente con cui si lavora, verso i propri impegni, quotidianamente; è una responsabilità curare il proprio lavoro, e piazzarlo in una galleria per un sacco di soldi. Si è responsabili nell'alzarsi ogni giorno e lavorare, che lo si voglia o no, perché è quello che si è scelto di fare. Non si può venire meno.

D. R.: Che significato specifico bisogna trarre dalle tue opere?

J. B.: Una storia o un messaggio? Non cerco di portare un messaggio. Scelgo elementi che mi piacciono, intuitivamente, e li dispongo intuitivamente. Mi costruisco storie in testa, ma il risultato non è per nulla narrativo. Non presto attenzione al pensiero storico o critico. Ho una mente logica e intuitiva, non «scolastica». Non penso mai all'«arte bella» quando faccio quadri o disegni o sculture. Non penso nemmeno al *perché* li faccio; so solo che funzionano o non funzionano. Realizzo un gran numero di opere, moltissimi disegni per esercizio, cercando sorprese o scoperte.

Tutti esigono profonde risposte alle loro domande sull'arte, ma i pittori dipingono ciò che dipingono perché è la loro stessa essenza ad essere messa in gioco. Quando scelgo i colori, per esempio, li scelgo in gruppo e per un nuovo schema di lavoro. Uso colori con cui mi piacerebbe vivere, e quando dipingo penso sempre: «Con cosa starebbe bene?», «Non sarebbe fantastico in questo tipo di stanza con queste tende?», o comunque... immagino come trattarlo. Immagino che piacerà a chiunque lo possiederà e lo tratterà bene. Mi interessa come può essere usato e dove, a cosa lo si può accoppiare ... alla vita di ogni giorno.

changing so fast, everything is so uncertain. People need to retain the human element in their lives. The artist must formulate new questions, open people up to new responses.

D. R.: Do you see the artist as having a responsibility to anything in particular?

J. B.: Not as an artist, but as an individual. I think it's important to be a responsible person. In the idea that one wants to be something, exists the responsibility of being it. There are so many people who want to be something other than what they are. One is responsible to people with whom they work, responsible to their commitments, on a daily basis; a responsibility to edit one's work, and not just dumping it in a gallery for a big sack of money. One is responsible to get up every day and work, whether you want to or not, because this is what you have chosen to do. You cannot just flake out.

D. R.: What specific meaning is to be derived from your work?

J. B.: A story or a message? I'm not trying to present a message. I choose elements I like, intuitively, and place them intuitively. I make up stories in my head, but the result is not at all narrative. I don't pay attention to historical, critical thinking. I have an intuitive and logical mind, not a 'scholastic' mind. I never think of 'fine art' when I'm making paintings or drawings or sculpture. I don't even think of *why* I'm doing them; it just works or it doesn't. I do a great deal of work, many many drawings as exercises, looking for discoveries, surprises.

Everybody wants profound answers to their questions about art, but painters paint what they paint because it touches a certain part of them that is their marrow. When I choose colors, for example, I choose them in a group and for a new body of work. I use colors which I would like to live with, and when I paint I'm always thinking: «Oh, what would this look good with?» «Wouldn't this look fantastic in this kind of room with these draperies», or whatever... imagining how to treat it. Imagining that whoever's going to get it will really like it and treat it well. I'm concerned with how it can be used and where, what juxtapositions... daily life.

27

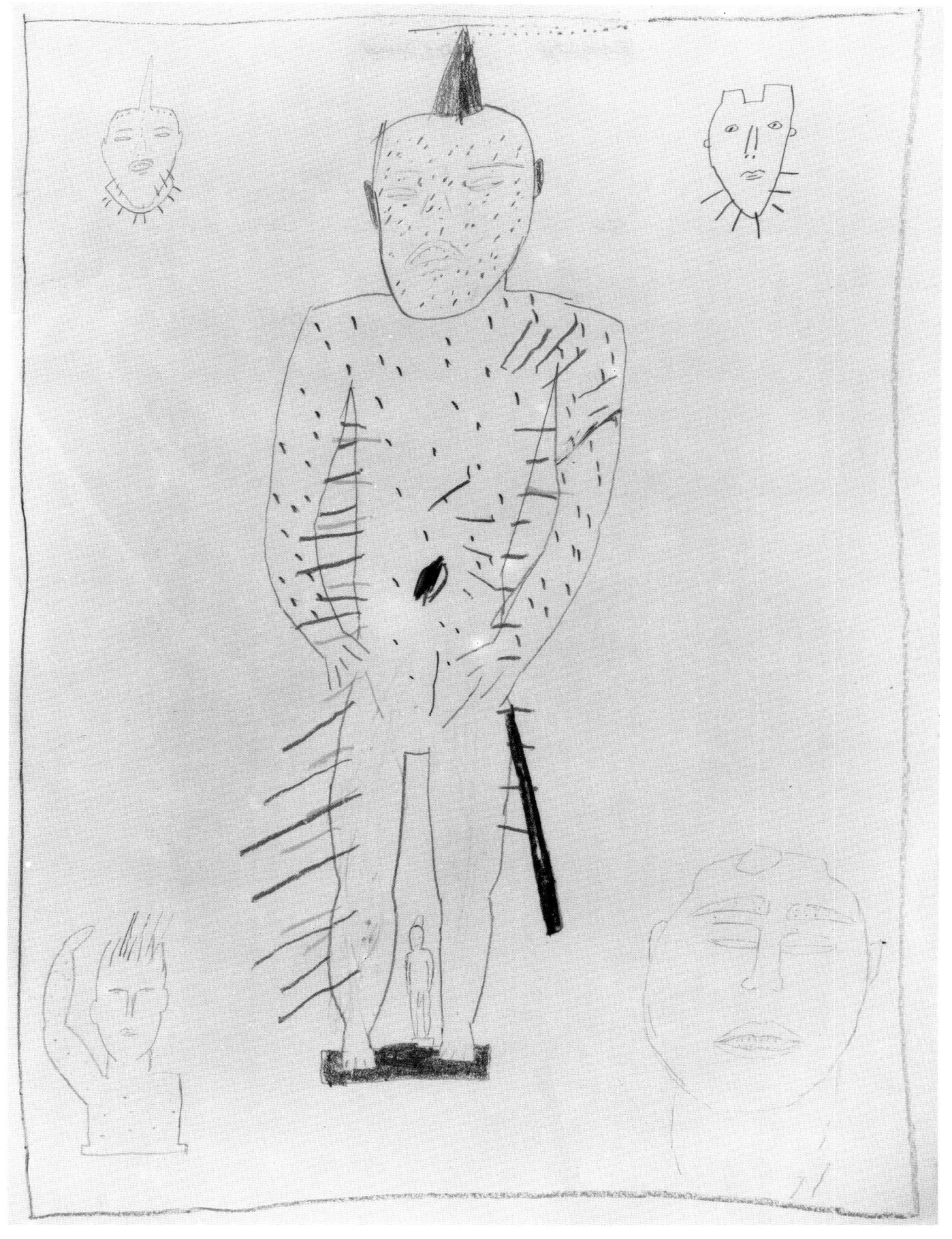

28

60

29

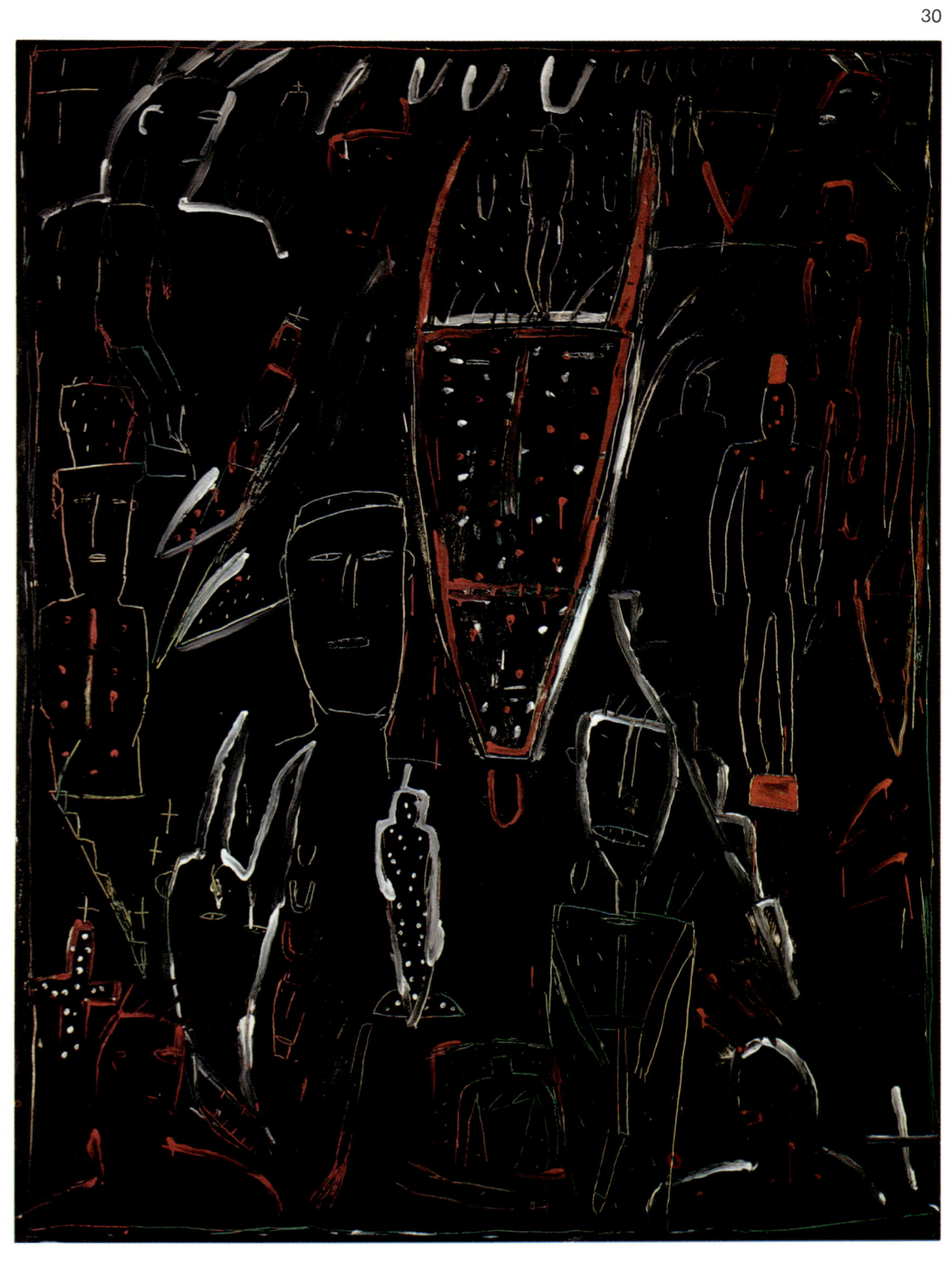

30

62

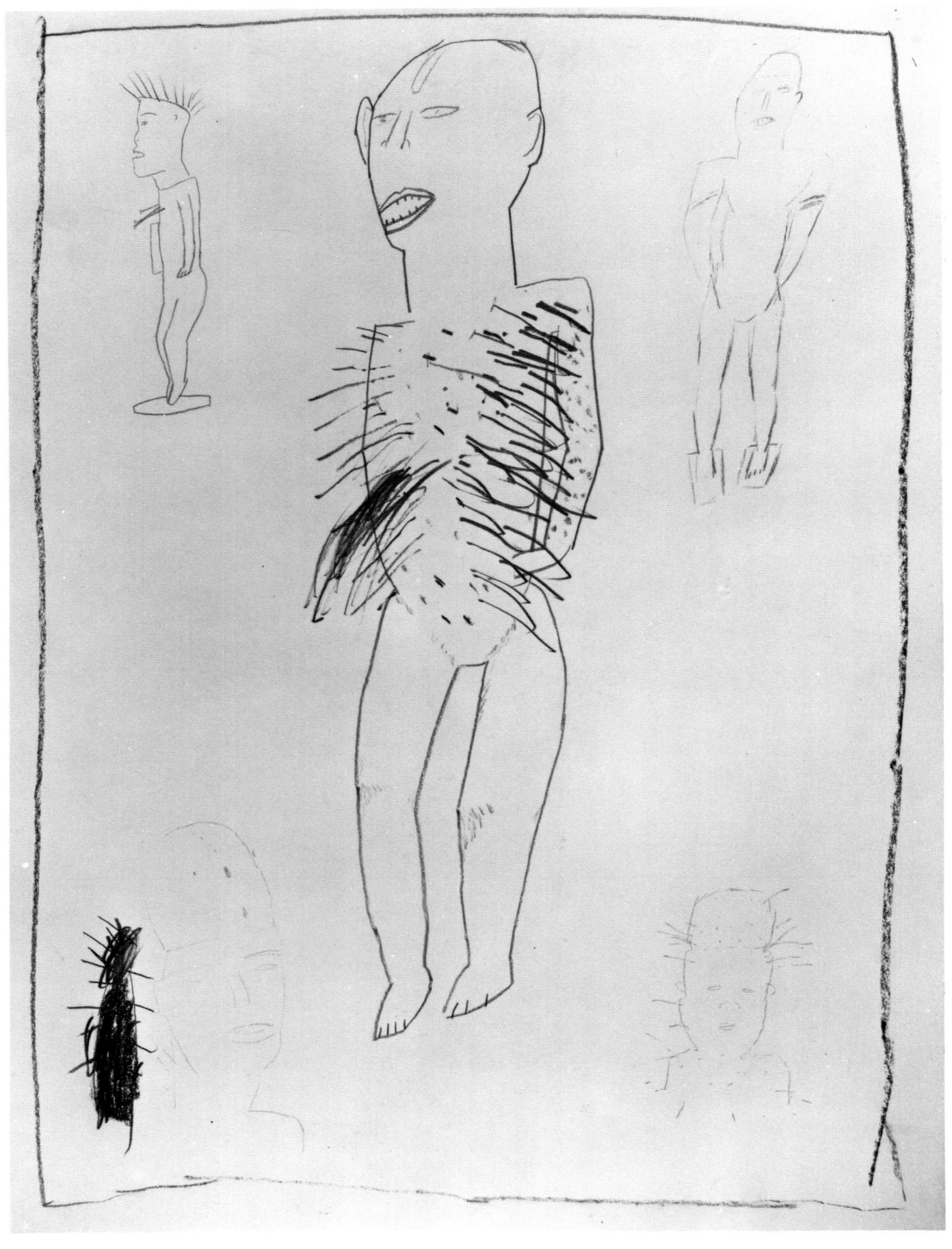

32

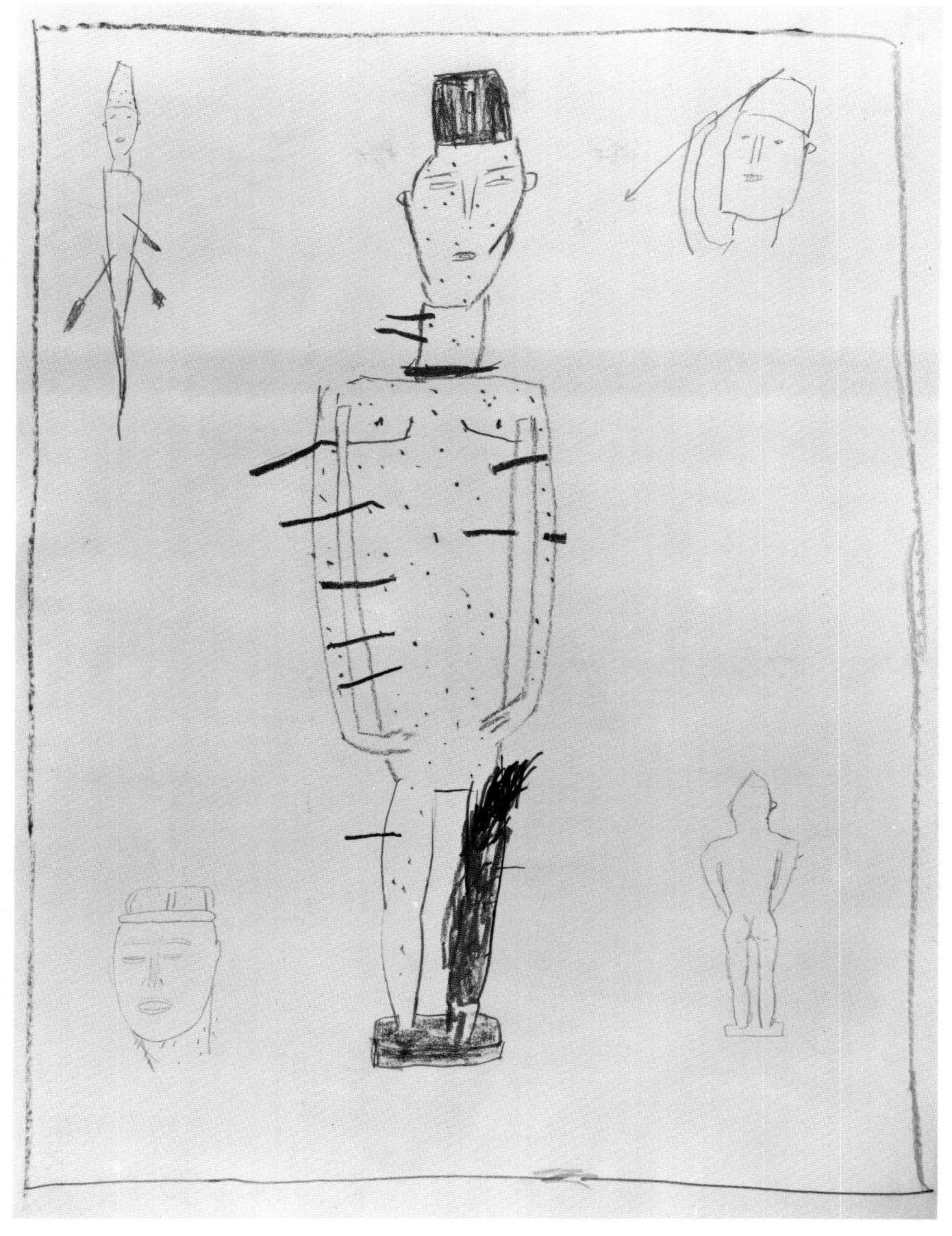

33

Tony Cragg

Da un'intervista con Laura Cherubini e Barbara Tosi

Tony Cragg non ha mai vissuto un terremoto.

Allo stesso modo in cui l'esperienza del terremoto, evento catastrofico collettivo, è vissuta da ognuno in modo estremamente soggettivo, così come ogni forma di paura, Cragg pensa che una mostra con questo denominatore comune sia praticabile per gli artisti solo partendo da un punto di vista individuale.

Lo squassante e grandioso accadimento del terremoto rievoca atavici terrori. Dice Tony Cragg: «L'immensa energia che sprigiona il terremoto è il momento dell'infuocato caos primigenio da cui tutto si è generato e che, in uno stato di quiete apparente, è racchiuso nel cuore della terra».

La terra, sulla quale l'uomo ha costruito la sua storia, può essere all'improvviso e in ogni suo punto, scossa dall'incommensurabile forza che le ha dato origine. In quel momento l'uomo, assordato dal frastuono, è percorso dallo stesso fremito che anima la natura che lo circonda. Per l'artista «la posizione dell'essere umano di fronte alla catastrofe è inevitabilmente passiva. Il piccolo e inerme essere è in balia del misterioso e imprevedibile movimento che per potenza e per grandezza lo sovrasta in un conflitto senza proporzioni. Rispetto all'individuo l'importanza maggiore o minore dell'avvenimento è misurata dalla sua partecipazione (e vicinanza fisica) al fatto. Estremamente travolgente si rivela nel vissuto, ma mediata e quasi attutita quando si fa notizia, si trasforma in un agghiacciante elenco di disastri, crolli e morti».

Tony Cragg ha scelto di focalizzare il suo lavoro su due essenziali momenti dell'evento-terremoto: «*Prima* e *dopo*, in quanto il *durante*, ovvero i pochi attimi del dramma, eterni per chi li vive, non fanno parte della mia esperienza, personale». Cragg dichiara in questo modo l'impossibilità di «rappresentare» quella paura che non è stata vissuta.

«Il momento del *prima* – dichiara Tony Cragg – è carico di una strana e quanto mai esasperata tensione che si mimetizza in una calma apparente, in una atmosfera di sospensione, in uno stato in cui si è ignari del futuro».

Il secondo momento è enunciato così dall'artista: «Se la sospesa tranquillità caratterizza il *prima*, il *dopo*, ossia il momento della conoscenza concreta dell'evento irreparabile e dei suoi effetti, non può che essere descritto che dal *paesaggio*. La catastrofe del cambiamento è indelebilmente impressa in questo paesaggio».

L'immagine di una luna chiara (di cui parla Tony Cragg) che vegliava sul momento del *prima* continuerà a brillare sul paesaggio ormai desolato? Tutto nella natura è oggetto di incessanti metamorfosi e di inquietanti permanenze. Il lavoro dell'artista è proprio quello di registrare i cambiamenti e di dare nuova configurazione ai frammenti, conseguenza dell'evento traumatico.

From an interview with Laura Cherubini and Barbara Tosi

Tony Cragg has never experienced an earthquake. He believes that an exhibition based on this common denominator is only practicable from the individual points of view of the artists concerned. The crushingly grandiose event of an earthquake evokes atavistic terror. Cragg states: «The immense energy that an earthquake unleashes is the moment of the fiery primordial chaos that is the origin of all forms of life, which remains enclosed in the earth's core in an apparently peaceful state».

The earth, on which mankind has built its history, can suddenly be shaken by the same force which created it. In that moment, man shattered as he is by the uproar, experiences his own tremor, like the one under his feet. To Cragg, «A human being's position in the face of such a catastrophe is an inevitably passive one. This small harmless creature is at the mercy of a mysterious and unexpected movement which, in terms of power and strength, dominates him in incredibly unbalanced proportions. As far as the individual is concerned, the greater or lesser importance of the event is measured in terms of his own participation (and physical presence) in it. It is extremely shocking when it happens, but becomes less so, and almost deadened when it hits the news and is transformed into a chilling list of disasters, collapsed buildings and deaths».

Tony Cragg has chosen to focus his work on two essential moments of the earthquake: «*Before* and *After*, inasmuch as those few dramatic seconds, which seem endless for those who experience it, do not make up part of his personal experience». In this way, Cragg declares the impossibility of 'portraying' a fear he has never felt. The moment of *Before*, states Cragg, «is charged with a strangely exasperated tension hiding behind an apparently calm, suspended atmosphere, a state in which the 'future' is unknown».

The second moment is expressed by the artist: «Since the moments of *Before* and *After* are characterized by this suspended tranquillity, the moment of concrete knowledge of the irreparable event and its subsequent effects, can only be described by the effect it has on the countryside. The catastrophe of change is indelibly stamped on this landscape».

Will the magic of the bright moonlight, bathing the moment that comprises *Before*, continue to shine over a now desolate landscape? Everything in nature is subject to ceaseless metamorphoses, but also to a disturbing permanence. The artist's work, therefore, lies in recording those changes, and giving new shape to the resulting fragments of such a traumatic event.

34

35

36

Ronnie Cutrone

Intervista con Francesco Durante

Francesco Durante: La bandiera è una nazione, un mondo, uno spirito. Quello che ci metti sopra – sia un Puffo, il gatto Felix, o il fantasma Casper – è la cosa che crea senso insieme con quella specie di paesaggio metaforico rappresentato dalla bandiera. Semplice, no? Ma ho il sospetto che le cose siano un po' più complesse, soprattutto dopo aver veduto il tuo lavoro per la collezione *Terrae Motus*. Una casa che va a fuoco e la bandiera di Napoli...

Ronnie Cutrone: Dipingo sulle bandiere per sdrammatizzare lo spirito nazionalista che c'è in giro per il mondo e che è fonte di tanti problemi. La bandiera di Napoli, rossa e gialla, ha gli stessi colori di un segnale d'allarme.

F. D.: Questo per la bandiera. E il resto del lavoro?

R. C.: Il primo quadro mostra un uomo in acqua mentre la sua casa sta bruciando. Quell'uomo è già salvo, anche se non lo sa, e presto verrà un giorno su questa terra in cui l'acqua non potrà più salvarci perché sarà diventata troppo bollente. Nel secondo quadro c'è Picchiarello, simbolo di vulnerabilità. Ho letto parecchie cose sul terremoto di Napoli. Ho letto di certe persone che stavano in un campo durante il terremoto, ed erano perciò in salvo. Ma decisero di entrare in una chiesa per essere ancora più protetti. Dimenticavano che Dio sta dappertutto. E morirono. La questione è molto semplice: bisogna accettare la propria salvezza dovunque ci si trovi.

F. D.: E il terzo quadro?

R. C.: Rappresenta la Grande Bestia, ed è dedicato al tema della resurrezione. Le catastrofi ci mostrano continuamente quando siamo vulnerabili e quanto abbiamo bisogno l'uno dell'altro e di Dio. L'unico modo per avere la pace nel mondo, pensavo, sarebbe un'invasione dallo spazio esterno. In un caso del genere ci stringeremmo tutti assieme. Oramai non credo più in una vita aliena. Comunque: molti credono che le catastrofi siano una forma di punizione divina, e non è vero. È una pena che ci portiamo addosso noi stessi. A volte ci sono delle vittime innocenti. Questo è il senso del quadro.

F. D.: Tu credi profondamente in Dio?

R. C.: Credo in due dei. Il dio di questo mondo, Satana il Demonio; e l'altro, Dio Padre, che non è di questo mondo ma lo sarà. Non so quando, lo sto aspettando.

F. D.: L'infanzia con i suoi simboli ricorre continuamente nel tuo lavoro.

R. C.: Per essere vicino a Dio, devi essere bambino. I personaggi dei cartoons rappresentano per me la storia stessa del mondo. In fondo, i manoscritti paleocristiani o bizantini sono qualcosa di molto simile ai cartoons. Quelli di cui io mi servo oggi vengono trasmessi dalla tv in tutto il mondo. Rappresentano gli ultimi cinquant'anni di storia. Mi riportano agli Usa degli anni Trenta, una nazione molto potente che adesso sta diventando sempre più debole. Si avvera la profezia di Isaia: quando una nazione è potente e malvagia, lo spirito del suo orgoglio sarà infranto. Lo stesso vale per l'Urss, che è potente e malvagia. E guarda cos'è successo all'Inghilterra, che un tempo 'dominava il mondo'. Succede sempre così quando tentiamo di controllare la natura: perdiamo sempre.

F. D.: Quindi la tua pittura si può leggere anche in una chiave moralistico-satirica?

R. C.: Io non ho visioni politiche o religiose del mondo. Credo soltanto nella legge di Dio. Ciò che faccio è tentare di dipingere la legge di Dio al di sopra delle leggi e delle religioni che l'uomo ha inventato. Di evidenziare ciò che la gente adora – il denaro, la fama, strane superstizioni – tutto ciò che prendiamo troppo sul serio. Se mi comportassi così anch'io, sarei certamente rinchiuso in qualche manicomio.

Interview with Francesco Durante

Francesco Durante: The flag is a nation, a spirit. What you're superimposing on it – a Smurf, Felix the Cat, Casper – is a jolting alternative metaphorical landscape. It looks easy, but I gather the whole thing is more complex, particularly after seeing the works for the *Terrae Motus* collection. A burning house and the flag of Naples...

Ronnie Cutrone: I paint on flags in order to break down the world-wide fixation for nationalism, something which inevitably leads to troubles. In particular, the Naples flag is red and yellow, which are warning colors. I liked that very much because a lot of my works are likewise warnings to people.

F. D.: That's the flag. And the other works?

R. C.: One painting has a man who swims while his house burns. He is safe in the water, but he doesn't know it; and yet there will come a day on earth when water will not save us, because even the water will be extremely hot. Another painting shows Woody Woodpecker, the symbol of vulnerability. When I first read of the Naples earthquake, I read about some people who were in a field, and were somewhat safe. They decided to go inside a church to be more 'protected', and they were killed. They forgot that God is everywhere. It's a matter of believing that God is everywhere, not only in the most 'safe' forms of shelter (superstition).

F. D.: And the third painting?

R. C.: It's the great Beast. It's about resurrection. Disasters prove how vulnerable we are, and how much we need God and each other. As a little boy, I always saw people fighting, and I thought that the only way for world peace would be an invasion from outer space, because then we'd all have to join together. But now I'm older and I don't believe in alien life.
Many people think disasters are a form of punishment by God. That's not true: it's a punishment which we bring upon ourselves. That's what the painting signifies.

F. D.: Do you believe in God?

R. C.: I believe in two gods: Satan the Devil, the god of this world, and the other, God the Father, who's not in this world now, but he will be. I don't know when, but I'm waiting.

F. D.: What brings you to use the symbols of childhood in your work?

R. C.: You must be a child to be close to God. Ancient manuscripts, be they Christian, or Byzantine, or whatever – are cartoons. The cartoons I use are on TV throughout the world today, and they represent the last fifty years. The U.S.A. was very powerful in the Thirties, but we've become weaker and weaker. It's the revelation of Isaiah: «When a country is powerful and commits evil, the spirit of its pride will be broken». It's the same in Russia: powerful and evil. And it's already happened in England, which also once ruled the world. When we try to control nature, we always fail.

F. D.: So, your paintings could be read as a moral work?

R. C.: I've no political or religious view of the world. I believe in the government of God, and what I do is to try and paint that government on top of existing governments and religions which man has made. I point out what people now worship – money, fame, strange superstitions – everthing we take too seriously.

F. D.: Cartoons, TV, the innocence of childhood... but also the threat of 'Big Brother' too?...

R. C.: I don't think so, because you can switch *off* your TV. I love TV, it's an eye on the world.

37

70

38

39

71

40

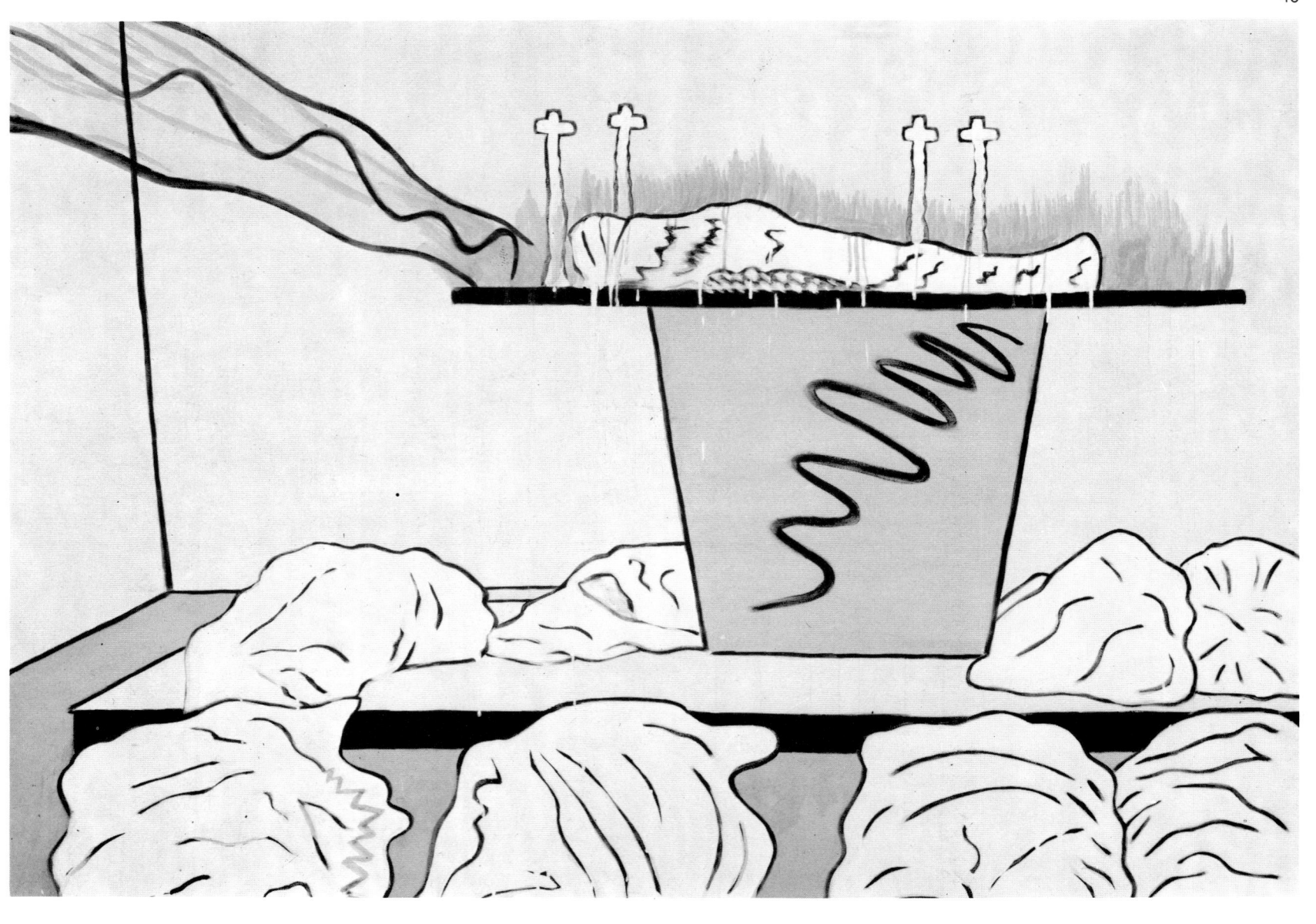

Keith Haring

Intervista con David Robbins

David Robbins: Quali dei dominano i tuoi quadri?

Keith Haring: C'è un dio differente in ogni quadro. Le mie opere non sono mai basate su di un unico elemento. Non esiste mai una situazione in cui un elemento ha il sopravvento sugli altri; ogni quadro ha una sua propria realtà ed un suo proprio dio. Nel quadro di *Terrae Motus* gli esseri che stanno facendo a pezzi la gente potrebbero essere di un altro mondo, ma sono completamente naturali. Hanno teste di animali, sono dei mostri, ma non hanno niente di freddamente tecnologico.

D. R.: I tuoi quadri si riferiscono spesso alla pressione cui l'uomo è sottoposto nella vita.

K. H.: Lavoro sempre sotto pressione. Tutti vivono oggi sempre sotto pressione. Nei miei quadri succede sempre qualcosa, si svolge sempre un'azione. Non vi troverai mai qualcuno addormentato o morto.

D. R.: Un altro dovere che ti sei assunto è quello delle pubblica educazione. Sei uno degli artisti più accessibili al grande pubblico oggi.

K. H.: Esattamente. Tutto è fatto allo scoperto, non vi sono scuse, non ci si può tirare indietro. È una performance. Il programma stabilito mi lascia appena il tempo di fare le cose che vanno fatte. La pressione è incredibile: devi essere capace di tirar fuori la stessa qualità di segno nei quadri, nelle installazioni, oppure nel dipingere il corpo di qualcuno alle inaugurazioni, di disegnare la camicetta di qualche altro al party. Devi essere in grado di confermare continuamente che possiedi il controllo di quello che stai facendo.

D. R.: È questo un rituale costante di feticizzazione? Mi sembra una sorta di personalismo di massa contro un impersonalismo della tecnologia di massa.

K. H.: È uno specchio invertito della tecnologia. È qualcosa che riguarda l'abilità umana di far fronte, di controllare la tecnologia, mimando la macchina, mimando la tecnologia. È la parodia della tecnologia.

D. R.: Come raffreddi la pressione della domanda? Come fai a lasciarti un margine privato?

K. H.: Ballando, con la musica, con la droga, cioè nei modi tipicamente comuni. Il mio amico è un disc jockey, per cui ascolto continuamente musica nuova, funk, techno-pop... Il lavoro è una delle poche cose che mi rilassa, che mi tira fuori dalla depressione; mi dà energia, e quando smetto di lavorare non sono mai mentalmente stanco.

D. R.: Il contenuto dei tuoi quadri è rapidamente trasmesso all'osservatore, espresso molto succintamente, e tuttavia il senso reale di tali opere sembra più difficile da precisare...

K. H.: Il contenuto è qualcosa che è continuamente a fuoco e fuori fuoco. Anche il più chiaro dei miei quadri è pieno di piccole cose che non si possono veramente spiegare.

D. R.: Desideri che il significato delle tue opere sia chiaro?

K. H.: Ho cercato di demistificare l'intera idea che l'arte sia qualcosa di sacro che debba essere riservata per una piccola cerchia di «gente educata». Tutti possono entrare in rapporto con il mio lavoro a qualsiasi livello. Non nasconde niente. Credevo prima che nell'atto di fare arte ci si trovasse in un elevato stato di coscienza. Guardavo i quadri di Pollock e di Tobey, leggendo cose che nobilitavano questo lavoro ad un grado tale che diventava quasi riverente. Facevo l'action painting astratta creando un segno e lasciandolo fluire. L'azione era quasi più importante del risultato. Poi, ad un certo punto, ho smesso di credere che questo era necessariamente uno stato mentale speciale. Ho cominciato ad intenderlo come un fatto di concentrazione.

D. R.: Il lavoro è diventato più orientato verso l'esterno, più pubblico. Tu sei nato nel 1958. In quel tempo la tendenza della nostra cultura di trattare i prodotti dello spirito come oggetti di consumo era già abbastanza evidente.

Interview with David Robbins

David Robbins: Which gods rule your pictures?

Keith Haring: There's a different god inside each picture; they're not pointed at just one content. There's never a situation in which one element always has more power than another: sometimes it's being crushed. Every picture has its own reality and its own god.

In this painting for *Terrae Motus*, the beings that are tearing up these people may be other-worldly but they're completely natural. They have animal heads, they're monsters, but they are not coldly technological.

D. R.: Your pictures contain or refer quite often to the pressure of living.

K. H.: I work under pressure all the time. Everyone lives under pressure all the time, now. In my pictures, there is always something happening, there's always an action being depicted. You'll never find someone asleep or dead.

D. R.: A public education is another pressure you've agreed to take on. You're one of the most public artists working today.

K. H.: Exactly. Everything is out in the open – there are no excuses, there's nothing to fall back on. It's a performance. The schedule I'm on leaves me a certain amount of time to do things, and I have to get them done. There isn't much time which can go to editing. The pressure is incredible: you have to be able to make the same quality of *mark* in paintings, installations, painting somebody's body at an opening, marking a shirt on someone at a party. You have to confirm over and over again that you have that control.

D. R.: Is that a constant ritual of fetishizing? It seems like mass personalism versus technology's mass impersonalism.

K. H.: It's an inverted mirroring of technology. It's about the human ability to cope, the amount of human control, but doing it in a way that mimics the machine, that mimics technology. It's a parody of technology.

D. R.: How do you cool out from the pressure of demand? How do you leave it for something private?

K. H.: Dancing, music, drugs – pretty typical ways. My boyfriend is a d.j., so I hear new music all the time – funk, techno-pop... Working is one of the only things that makes me relax. It's the only thing which can bring me out of depression; it gives me energy, and I'm never mentally tired when I've finished working.

D. R.: The content of your pictures is very rapidly conveyed to the viewer, very succinctly expressed, yet the actual meaning of them would be hard to pin down...

K. H.: Content is something which comes in and out of focus. Even the most illustrative of my pictures are full of little things that you can't really explain: you don't know exactly what it is you are looking for or at.

D. R.: Do you want a specific meaning to be clear?

K. H.: I've tried to demystify the whole idea that art is something sacred and available only in the artist's realm and of «educated people». Everybody can be in touch with my work on some level. It hides nothing.

I used to believe that in the process of making art one was in a heightened state of awareness. I was looking at paintings by Pollock and Tobey and reading things that elevated that activity to such a degree that it was almost reverent. I was making abstract action paintings, more about gesture and making a mark and letting it flow. The action was almost more important than the result. Then, at some point, I stopped believing that it was necessarily a special state of mind. I started understanding it as a matter of concentration, and it transformed itself from a ritual of work.

D. R.: It became more externally-oriented, more public. You were born in 1958. By that time the tendency of this culture to treat products of the spirit as commodity was quite apparent.

K. H.: Ma l'atto artistico in generale consiste nel trasformare l'anima in un oggetto di consumo. Anche il più semplice dei disegni fa questo. Ogni volta che l'energia spirituale diventa una cosa fisica – quadro, disegno, o qualsiasi altra cosa – hai trasformato la tua anima in un oggetto di consumo. Questa non è poi un'idea nuova. I calligrafi della cultura orientale credono che la loro personalità venga fuori dalla pennellata, indipendentemente dal segno che fanno.

D. R.: I tuoi quadri sono dei *logoi*?

K. H.: Non ho mai confessato questa relazione. Lo stile dei miei disegni è tale che la gente può immediatamente riconoscere che si tratta di miei lavori. Ha una qualità di marchio di fabbrica.

D. R.: L'idea che il tuo segno contenga il tuo marchio di fabbrica e che esso sia il *logos*, sia portabile, e possa essere riservato in media differenti, è l'evidenza dell'attuale era post pop. È una sorta di avanzamento.

K. H.: L'ho dimostrato anche in altro modo, per esempio usando consciamente l'immagine del bambino e della faccia a tre occhi tante volte da farli diventare dei *logoi*. Ho usato le stesse tecniche e strategie che vengono usate nella Madison Avenue per diffondere immagini. Questa è anche un'idea semiotica, dove il significato si determina in parte attraverso la ripetizione. Quanto più è ripetuto tanto più è determinato. È un processo accrescitivo.

D. R.: A questo punto l'intera città di New York è diventata un'incredibile collezione di graffiti e di tags (firme). Essi ricoprono quasi totalmente la città, ignorando ogni divieto e cosiderando gli edifici come enormi superfici dove poter scrivere.

K. H.: Non rispettano limiti di proprietà. Quasi nessuno in questa città possiede una casa, tutto è in affitto, e questo fatto determina una forma di disprezzo della proprietà. Non so se ciò sia giusto o no.

D. R.: Questa forma di disprezzo interessa varie situazioni. Per esempio, le insegne comunali ed i segnali stradali vengono cambiati e ricoperti di scritte. Un confronto basico tra l'espressione individuale e la direttiva astratta dello stato. Quando tu operi in una piazza o in uno spazio pubblico con un tuo segno, a chi appartiene la proprietà dell'opera realizzata?

K. H.: Qualcuno ama credere che in un caso del genere lo spazio pubblico sia diventato un'opera d'arte, ma io non penso che sia realmente così. È una via di mezzo. Diventa qualcosa di completamente diverso aldilà di ogni concetto di proprietà. Qualcuno ha detto che i graffitisti con i loro interventi tentano di appropriarsi dello spazio usato. Comunque non credo che la cosa possa essere spiegata tanto facilmente. I miei disegni nella metropolitana erano interessanti proprio perché il concetto di proprietà era poco chiaro. Non potevano essere rimossi, e tuttavia non mi appartenevano. Restavano in effetti ancora proprietà della città, o di coloro che pagavano gli spazi pubblicitari. Essi, poeticamente, appartenevano a chiunque li guardasse. Quando la polizia mi multava, era perché scrivevo sulla proprietà di qualcun'altro. In tal modo, come per gli oggetti trovati, segnando qualcosa la trasformi in qualcos'altro, ed attraverso questa trasformazione ne stabilisci la proprietà.

K. H.: But the basic artistic act is to take the soul and make it into commodity. The simplest drawing does this. Every time that spiritual energy becomes a physical thing – painting, drawing, whatever – you've commodified the soul. This is not really a new idea. Calligraphers in Eastern cultures believe that their personality comes out in the brush no matter what mark they make. You can see in a calligrapher's work the continuity of their mark running throughout.

D. R.: The brand of the hand. Are your pictures logos?

K. H.: I've never avoided that relationship – the personality of my drawing style is such that people can tell instantly that I drew it. It has a built-in trademark quality.

D. R.: The idea that your trademark is contained in the mark you make, that the mark is the logo, is portable, and can permutate into different media, is evidence of the first truly post-Pop-era Pop Art. It's an advance.

K. H.: I've demonstrated it in other ways, as well, for example, consciously using the baby or the three-eyed face so many times that they became logo-like. I used the same techniques and strategies that Madison Avenue employs to drive images towards you and to distribute images. This is also a semiotic idea; that meaning attaches itself to things in part through repetition. The more it's repeated, the more information gets attached to it, precisely because of the repetition. It's accretional.

D. R.: At this point, New York City is knit together with an incredible collection of graffiti marks and tags. Much of the city is covered with them, and they disregard the buildings, the boundaries, and treat real estate as an enormous surface upon which to write.

K. H.: It disregards property lines. Almost nobody owns anything in this city, everything's rented. Because everybody rents, there's a certain amount of disrespect for property. Good or bad, I don't know.

D. R.: That disregard extends in some interesting directions. For example, throughout the city one can see municipal signs marked up by writers, the signs' information undermined or changed. It's a basic confrontation between the individual and the abstract directive of the state. When you mark in a public place, on a public sign, with a private mark of meaning, where does the ownership of the result reside?

K. H.: In some people's minds you've turned it into a piece of art, but I don't think that's really it. It's in-between; it's become another thing entirely, something which is outside of ownership completely. Some people have said, in trying to explain graffiti, that by making their mark graffitiists want to make the thing more theirs. Making the property theirs by marking it, appropriating it. But I'm not sure it's that easily explained. My drawings in the subway were interesting because they were in a situation in which ownership was unclear. They couldn't be removed, but still they weren't mine – they were the property, legally, of the subway advertising people, and of the city. They were, poetically, the property of everyone who saw them. When I was ticketed by the police, it was for writing on someone else's property. So, as with found objects, by marking you transform something into something else, and by that transformation you frame the subject of possession.

41

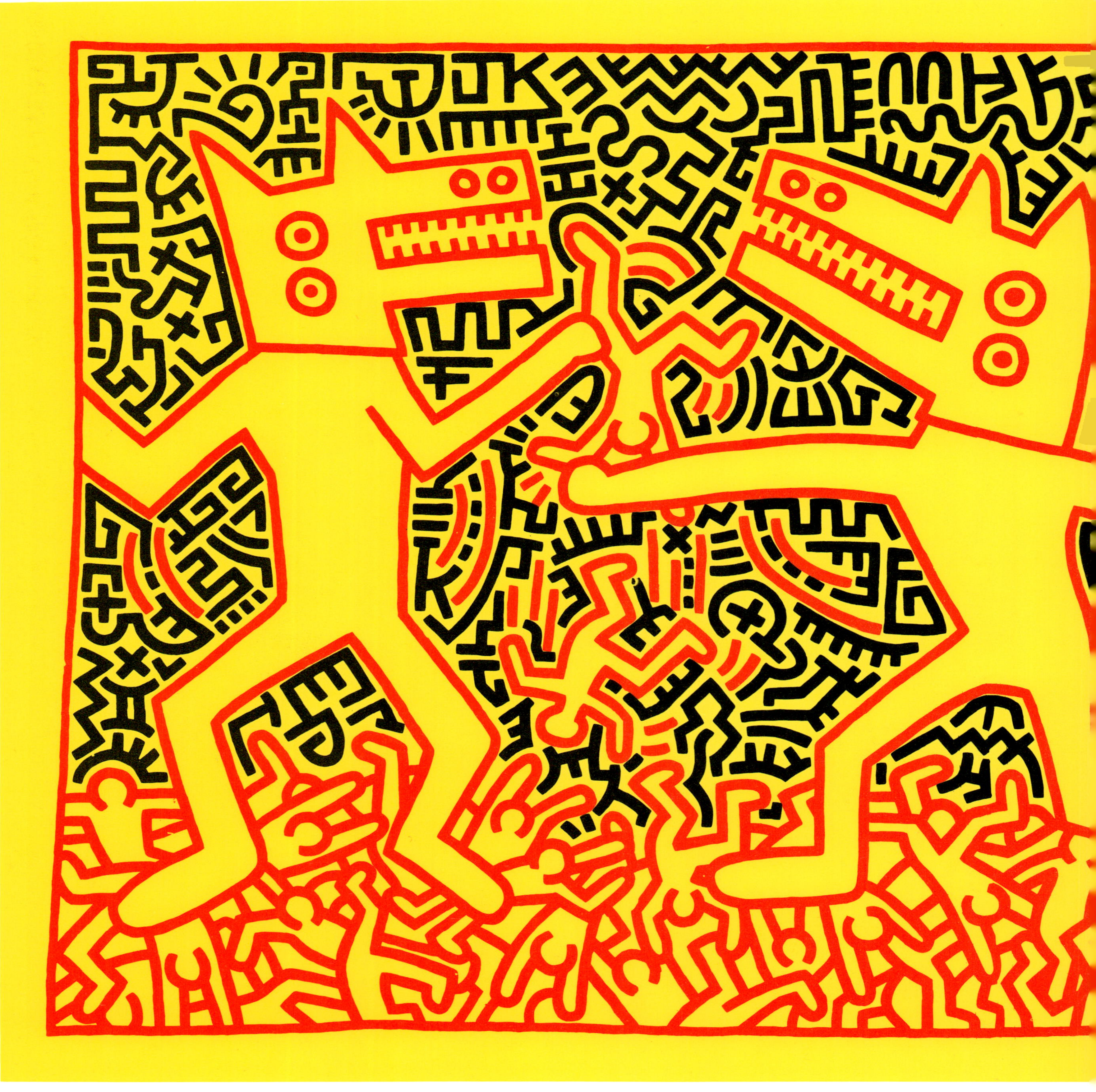

42

43

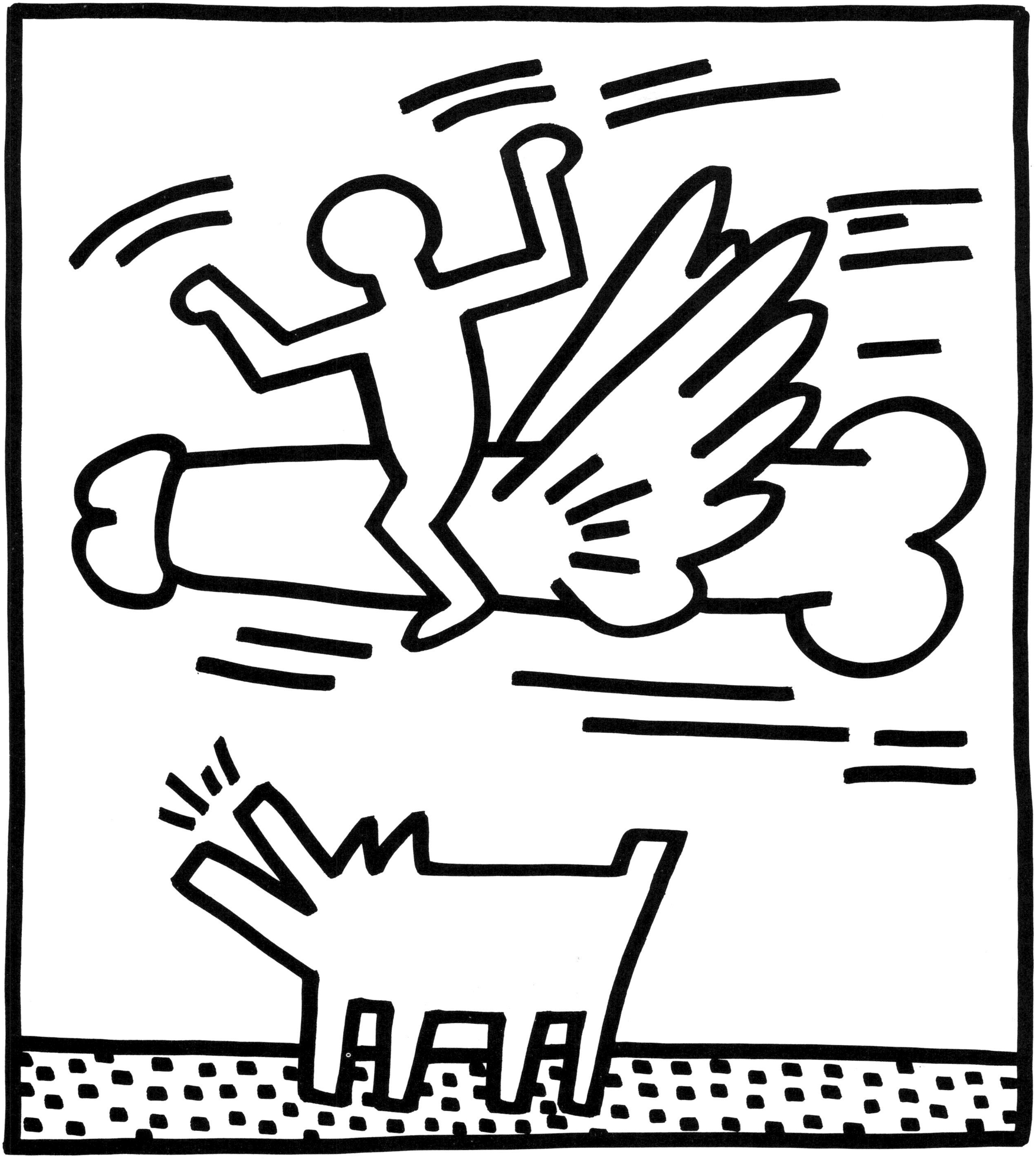

45

Anselm Kiefer

«*Waterloo, Waterloo...*», di Bernard Blistène

«*Allemands: peuple de rêveurs (vieux)*» (Gustave Flaubert)

Nel 1982, in risposta alla richiesta di Lucio Amelio di un'opera per *Terrae Motus*, Anselm Kiefer dipinge *Waterloo, Waterloo...*, ispirato a *L'espiazione* dai *Castighi* di Victor Hugo. Il poema suggerirebbe l'immagine, l'immagine richiamerebbe il poema: un modo per ritornare all'ispirazione iniziale. Ma la citazione, più che incompleta è stata voluta coscientemente imperfetta: *sottintende* il poema piuttosto che citarlo. Lo invoca, come il poema la invoca, più che evocarla. In quest'attimo preciso dell'incontro tra il poeta e il pittore si fondono i due ordini. In ogni caso, e specialmente in quest'opera, sarà smentita la troppo facile distinzione tra l'idea della ratio francese e del pensiero tedesco.

Così, si tratta, allora, d'una ricerca dell'universalità nel tentativo del pittore di identificarsi con quella del poeta.

Nella catarsi (più che nell'esorcismo) dell'opera di Kiefer, il pensiero tedesco e l'eco della battaglia di Waterloo si confondono per ritrovare, nella paura di vedere dissolto il Mito, il Romanticismo.

Nell'opera di Kiefer, la parola è allo stesso tempo forma e segno. Narra il *terremoto* che, d'altra parte, è suggerito da una tavolozza di argilla frantumata.

Precisa T. Todorov: «Le parole non sono immagini di cose ma di chi parla». «La funzione espressiva prevale su quella rappresentativa». Nel grigiore del cielo della pittura s'iscrive la memoria d'un verso del Poeta. È Hugo che parla. E le parole, qui, non vogliono essere l'immagine delle cose.

Lo spazio del Pittore, e quello del Poeta, appaiono come una *fabbrica*. Se Hugo e Kiefer sono qui uniti, forse ricercano ciò che Foucault riconosce come uno dei caratteri dello spazio moderno: un'opera non è più intesa come un *documento*, ma come un *monumento*; dove – nel lavoro di Kiefer più d'ogni altro – va interrogato sia il dispositivo che la costruzione. Lo spazio di Kiefer e del Poeta derivano dall'*assemblaggio*. Se l'artificio del poema si mantiene all'interno delle leggi della sua costruzione, evidenzia una relazione all'interno dell'opposizione classicismo/romanticismo, proprio perché l'estetica romantica è soprattutto fatta di *commozione*. Essa privilegia l'assemblaggio: le *disjecta membra* di una stessa opera, le sue rovine e le sue sconfitte non sono altro che i resti di un'antica unità.

Poiché lo spazio di un pittore vive di questa emozione, il campo della pittura di Kiefer è qui *il simbolo di un campo di battaglia*.

Il suo sole nudo, i suoi solchi – si immagini il campo di battaglia di qualche dipinto di Gros in cui la visione dei vinti inghiotte l'epopea – sarebbero questa terra completamente bruciata, simile ad una cicatrice appena apparsa e di cui le croste non sono altro che i fallimenti della storia. «Come se – disse una volta Jean Clay – l'immensa pianura scoperta rinviasse alla terra storica, malinconica ed invernale, all'humus dove riposano i morti». La superficie si fa materia e sedimento. Lo spazio del cielo viene capovolto, allontanato dal villaggio, in un punto di fuga che si oppone ai solchi e al peso specifico della materia. In questo tipo di opposizione torna in mente Cézanne, il quale diceva di Courbert che «costruiva come un romano», e, ancor più, il concetto di *terra mater*, caro a Michelet.

Diviso in due aree separate, lo spazio pittorico è, allo stesso tempo, il luogo della rappresentazione e lo spazio organico.

Questo nascondersi nella materia ci fa ricordare Esiodo, il quale riteneva che ciò che divideva gli elementi nel mondo visibile, svaniva per riunirli di nuovo nel mondo sotterraneo. Questo spazio interrotto, quest'espansione caotica, la cui dimensione non è commensurabile con l'immensità, questa etologia – Delacroix diceva di un buon quadro che «esso deve avere le caratteristiche di una rovina» – ritrova ciò che David d'Angers diceva di C.D. Friedrich: «egli ha creato la tragedia del paesaggio».

E questa «tragedia», l'opera intera di Victor Hugo, nella realtà eterodossa

del pensiero del suo tempo, la manifesta. Tanto nell'idea che la creazione non è perfetta, quanto nel fatto che la sola manifestazione dell'esistenza del male è l'esistenza della materia, il cui peso trascina l'essere umano verso il baratro: un acme.

Si sa inoltre che Kiefer dipinge scale i cui gradini sostengono gli uomini e li fanno diventare cavalieri, maghi, poeti, o anche angeli e serafini. Per Hugo, tuttavia, evocato nella vertigine di Piranesi, Dio è un mito «con un occhio che giganteggia aperto nelle profondità della luce», proprio come Napoleone è l'emulo di Werther. Inoltre si sa che il Poeta, nel suo lavoro «Melancolia», divenuto Olimpio, ricorrendo alla Bibbia che sola trasfigurerebbe la sua battaglia, aveva anche cercato l'opera di Albrecht Dürer.

reality of his day; and as much as in the idea that creation is not perfect, as in the fact that the only sign of the existence of Evil is the existence of Matter, the weight of which drags the human creature to his downfall: an acme.

We know, besides, that Kiefer paints ladders with rungs, and that they weighed men down to become knights, poets, angels, or even seraphins. For Hugo, summoned to the dizzy heights of Piranesi, God is a myth «staring down with gaping eyes into the deepest recesses of light», just as Werther emulated Napoleon. Moreover, we know that the poet, in his work «Melancolia», having assumed the role of Olympio, (taking recourse in the Bible, which alone would transfigure his struggle), had also looked for the work of Albrecht Dürer.

46

47

et la terre tremble encore d'avoir

à la fuite des géants..........

mais c'était Blücher

51

et la terre tremble encore d'avoir vu la fuite des géants

52

Fahrt durchs Land
Waterlo II

Richard Long

Intervista con Bruno Corà.

Bruno Corà: Pindaro dice che è poeta chi molto sa della natura. Che rapporto ha il tuo lavoro con la natura?

Richard Long: La natura è la fonte del mio lavoro.

B. C.: Nelle opere realizzate per *Terrae Motus*, «Vesuvius circle» e «Napoli circle», la sensazione d'insieme sembra derivare direttamente dal materiale usato.

R. L.: Questa interpretazione del lavoro può esistere, ma è solo casuale. È uno dei risultati del mio lavoro.

B. C.: Le vie silenziose che percorri quando lavori le consideri elementi dell'opera? In che misura i tuoi percorsi contribuiscono alla formalizzazione dell'opera?

R. L.: Attraversare il paesaggio e scoprirlo è per me molto importante. Nel lavoro uso tutte le possibilità: il movimento, il tempo, i materiali e le idee. I percorsi sono più legati al movimento ed al tempo, mentre le sculture sono in rapporto al materiale.

B. C.: In queste opere di Napoli la densità delle pietre prescelte è omogenea, la loro distribuzione appare regolare ed equa. Che rapporto ha tutto questo ordine con un terremoto?

R. L.: In verità non c'è un particolare rapporto con il terremoto. Nel mio lavoro altero il caos della natura ordinandolo in linee e cerchi. L'opera si attua in un rapporto semplice fra il materiale della natura e me stesso.

B. C.: Di solito hai adoperato per le tue opere materiali reperibili sulla superficie terrestre, come i legni, le pietre o il fango. Che esperienza ti è derivata dall'uso di un magma vulcanico?

R. L.: È stato molto interessante prelevare ed usare la lava. Ho scelto istintivamente soltanto le pietre ed i blocchi che mi piacevano. Prima ho raccolto le pietre senza contarle, poi ho realizzato il lavoro. Alla fine ho contato gli elementi dell'opera, per poterne ritrovare in futuro le dimensioni. Il numero delle pietre non ha un significato particolare.

B. C.: Hai scritto che un buon lavoro deve rispondere ai requisiti d'essere «una cosa giusta, nel posto giusto, al momento giusto». Valgono questi requisiti per il tuo intervento a Napoli?

R. L.: Spero di si.

B. C.: Si può ritenere che tu sia un paesaggista contemporaneo?

R. L.: Le mie sculture sono pietre, ma potrebbero anche essere considerate elementi di un paesaggio.

B. C.: Quale relazione ritieni possibile tra le impronte delle tue mani col fango sulla parete e quelle di un artista del Paleolitico Superiore vissuto nelle caverne?

R. L.: Sono molto vicino, e mi piace questo collegamento con l'arte primordiale. La mia opera non ha niente a che fare con la tecnologia, uso i sensi ed il corpo. Le impronte delle mie mani sono l'equivalente delle impronte che lascio sulla terra quando la percorro.

B. C.: Ma quale rapporto prediligi: con la storia, uomo-uomo o uomo-natura?

R. L.: Entrambi. Per me sono storie molto legate fra loro. Dobbiamo temere molto più i terremoti nucleari che quelli naturali.

B. C.: Cosa vuoi dire quando affermi che è più importante conoscere la terra che produrre oggetti?

R. L.: Molta arte interessante può essere invisibile. Camminare è arte, anche se non produce un oggetto, anche se lascia orme che poi scompaiono.

Interview with Bruno Corà

Bruno Corà: Pindar said the poet learns from Nature. What type of relationship with Nature is portrayed in your work?

Richard Long: Nature is the source of my work.

B. C.: The works done for *Terrae Motus*, *Vesuvius Circle* and *Napoli Circles*, seemed to have been directly derived from the collected Vesuvian material.

R. L.: That's one possible interpretation of the work, although one I never intended. It's one of the effects of this work.

B. C.: Do you regard your silent «walks» as contributing to the formulization of this work?

R. L.: Walking the landscapes and discovering them is extremely important to me. In the work, I use every possiblity: movement, time, materials, and ideas. My «walks» are more connected to movement and time, whereas my sculptures are related to materials.

B. C.: In these Neapolitan works, the density of the preselected stones is uniform, the layout appears regular and balanced. How does order enter in the concept of earthquake?

R. L.: Actually, there's no particular connection with earthquakes. In my work, natural chaos is transformed into a kind of order which is manifested in lines and circles. This is realized in a simple relationship with natural materials.

B. C.: You usually use materials which are spread over the Earth's surface: wood, stone and mud. What was the feeling of using volcanic rocks?

R. L.: It was interesting to pick up, handle, and then use lava. I chose the material of my work by selecting only stones and fragments of lava that appealed to me, and relied largely on instinct to do so. First I picked the stones. Then I began to assemble the work; when I completed the piece I counted the stones to enable anyone to reconstruct the work at any future time. The number of stones has no real significance.

B. C.: You wrote that a good work should fulfil the requisites of being «the right thing, in the right place, at the right time». Does this apply to your work for Naples?

R L.: I should hope so!

B. C.: Are you a contemporary landscape artist?

R. L.: My sculptures are stones, but they can also be considered as elements of landscapes.

B. C.: What sort of relation do you see your mud handprints on walls having with those of High Paleolithic Man on the walls of his caves?

R. L.: I am close to him, and I like this link with primordial art. My work has absolutely nothing to do with technology, I use the body and senses. The imprints of my hands are equivalent to the imprints I leave on the earth when I walk.

B. C.: Which historical relationship do you prefer, Man with Man, or Man with Nature?

R. L.: Both. For me, these are interwoven, above all, in our own era. We should fear more the nuclear earthquakes than the natural ones.

B. C.: What do you intend when you say that it is more important to know the earth than to produce objects?

R. L.: A lot of interesting art is invisible. Walking is art, even if it doesn't produce objects, even if it leaves a track which later disappears.

54

55

56

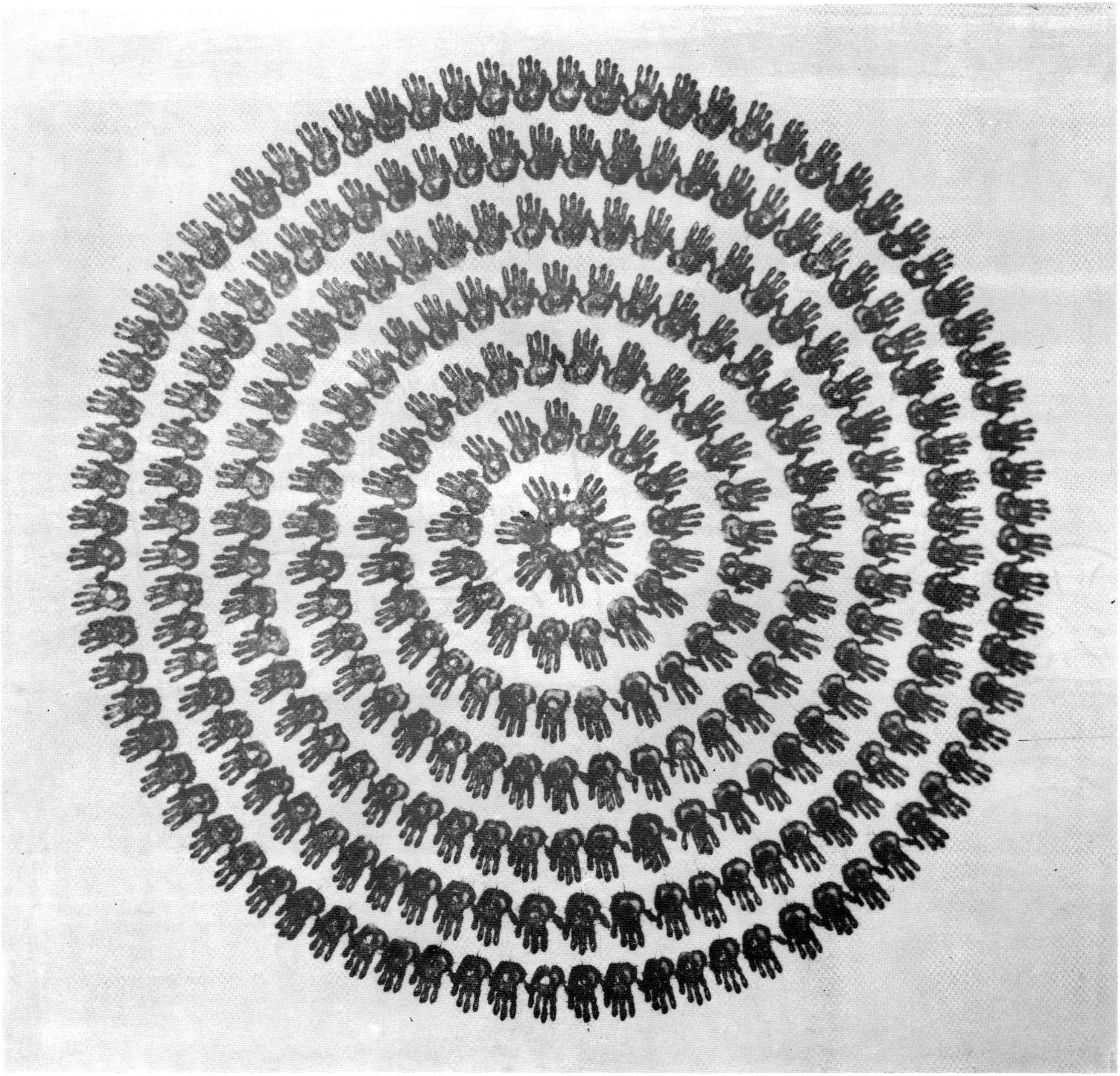

Nino Longobardi

"Vanitas, et ultra" di Barbara Rose

Il lavoro di Nino Longobardi per *Terrae Motus* è una meditazione sulla lotta dell'uomo per sopravvivere alla catastrofe: l'eterno tema del tiro alla fune tra vita e morte. In questo caso c'è l'immagine di un nuotatore che lotta per la vita in uno scenario di materia primordiale e ribollente, inquinata da resti di morte ridotti alla forma sinistra di bianchi teschi calcinati. Una pittura vorticosa allude ad un maremoto causato dallo stesso sconvolgimento sismico che produce terremoti: imprevedibile vendetta della natura contro l'uomo.

Contrariamente a molti altri artisti delle avanguardie degli anni Ottanta, che enfatizzano l'incoerenza dell'esperienza assemblando immagini incongruenti raccolte a caso dalla cultura dei media, riducendo la storia ad un semplice momento sincronico ed inintelligibile, Longobardi invece ha distillato un tema consistente, ed allo stesso tempo uno stile molto personale, nient'affatto eclettico.

Corpi di livida carne, scheletri, fantasmi e teschi evocano l'intrinseca dualità di vita e morte, ed è questa la nota dominante del suo lavoro. Eros si contrappone a Thanatos in questi dipinti di dionisiaci incontri, i cui riti sono celebrati da una sinistra folla di scheletri. Longobardi è un artista posseduto, invasato, che – riesumando gli incubi dall'inconscio – ricostruisce la paura primordiale collettiva per provocare una catarsi nell'arte. A questo scopo usa il profondo immaginario del subconscio. La drammaticità e la malinconia dei suoi temi all'interno di un manicheo contrasto universale tra gioia e peccato, tra l'erotico slancio vitale e l'entropico istinto di morte, ancora una volta distinguono Longobardi dai suoi contemporanei.

Come fa Longobardi a conoscere questi drammi misteriosi che si svolgono nella psiche collettiva, oggi più acutamente che mai? Se è vero che le forze della vita si confrontano in modo totale con l'istinto di morte, ciò potrebbe significare l'estinzione della specie umana in una catastrofe nucleare prodotta dall'uomo stesso. Le sue immagini non sono estratte dai libri di testo sull'interpretazione freudiana dei sogni, sono segnate dalla sua esperienza, dai suoi presentimenti dell'imminenza dell'umana tragedia. Longobardi dipinge la battaglia spirituale tra le forze della luce e quelle delle tenebre, e cioè la lotta fisica tra l'uomo e la natura, in un'era orientata verso la scienza, controllata dai media e dalla tecnologia, che ha cullato l'uomo nell'illusione di poter facilmente dominare la stessa natura. Non c'è terreno solido nel suo lavoro, così come per noi ormai è impossibile sperimentare un mondo assoluto e prevedibile. E se il Vesuvio esplode, come quando ha seppellito Pompei, ciò può anche essere interpretato come qualcosa che potrà accadere.

La realtà del conflitto tra il desiderio dell'uomo di sopravvivere ed il suo potente impulso di distruggere sé stesso ed il mondo che lo circonda, è il soggetto della pittura di Longobardi.

La continuità, la coerenza e l'organica evoluzione del suo stile permettono a Longobardi di differenziarsi dai suoi contemporanei, impegnati nell'ironia, nel *pastiche* e nello scherno antiumanistico di esperienze emozionali profonde. Il *modo* in cui Longobardi dipinge è un'ulteriore indicazione del suo livello primario di esperienza: la sua superficie pittorica dall'impasto spesso e crostoso appare direttamente derivata dall'esperienza primaria della materia, così come il lavoro di Cy Twombly o le macchie di colore di Mirò suggeriscono il passaggio dallo sporco alla bellezza.

Longobardi è nato a Napoli e continua a vivere all'ombra del Vesuvio e della sua storia, all'ombra della storia di Napoli, segnata da cupa sensualità.

L'uso della simbologia tradizionale delle *vanitas* non sta ad indicare il trionfo dela morte, ma è soltanto un segno che l'uomo deve lottare per sopravvivere soltanto. Il nuotatore che attraversa flutti minacciosi pronti ad inghiottirlo, lotta annegando nella palude dei suoi desideri. Oggi l'orgoglio dell'uomo

"Vanitas, et ultra " by Barbara Rose

The work for *Terrae Motus* by Nino Longobardi, is a meditation on the struggle of man to survive catastrophe: the eternal theme of the tug-of-war between life and death. In this case, it is the image of the swimmer fighting for life in a scene of churning primordial matter polluted by remnants of the dead past in the form of ghoulish chalky white skulls. The swirling paint suggests a tidal wave caused by the same seismic upheaval that produces earthquakes, which is nature's unpredictable revenge against man.

Unlike many artists associated with the avant-garde of the Eighties who emphasize the incoherence of experience by juxtaposing incongruous images selected at random from a media culture, reducing history to a simple unintelligible synchronic moment, Longobardi has distilled a consistent theme, as well as, a personal style that is not eclectic, but distinctly his own.

Pinkish fleshy bodies and ghostly bony skeletons and skulls evoke the intrinsic duality between life and death that is his major theme. Eros is opposed to Thanatos in his paintings of Dionysian encounters whose rites are attended to by the grim audience of skeletons that haunt his art. Longobardi is a brooding, haunted artist. He dredges up the nightmares of the unconscious, reconstructing the collective primal fear to produce a catharsis in art. Towards this end, he uses the depth of a subconscious imagery. The seriousness of his themes and the melancholic brooding on the universal Manichaean oppositions of sin and joy, eroticism and *élan vital* and the entropic death-instinct, also separates Longobardi from his contemporaries.

How does Longobardi know of these mysterious dramas playing themselves out in the collective psyche – now more acute than ever? As the forces of life confront a death instinct so total, it could mean the extinction of the human species itself, in a man-made catastrophe of nuclear proportions. He has no formal education. His images do not come from textbooks of Freudian dream interpretation. They are drawn from his own experience, his own feelings of the imminence of doom. Longobardi paints the spiritual battle between the forces of light and darkness as is the physical battle between Man and Nature, forgotten in the euphoria of a scientifically oriented age, dominated by media and technology, which has lulled man into believing Nature can be tamed. There is no solid ground in his work, just as we can no longer experience any absolute and predictable world.

The eruption of Mount Vesuvius, with its attendant historical association with the great eruptions which buried the Roman civilization of Pompei, can also be interpreted as a warning of things to come. The reality of conflict between man's wish to survive and his compulsive attraction to destroy himself with his environment, is the subject Longobardi paints. The continuity, coherence, and the organic evolution of his style, sets Longobardi apart from his contemporaries who are involved in irony, pastiche, and anti-humanistic mockery of profound emotional experience. The *way* Longobardi paints is another indication of the primal level of experience: his thick, crusty, impasto surface appears directly shaped and formed, like the material of the primary experience, in the same sense that Cy Twombly's work or Miro's smears of paint suggest the transformation of filth into beauty.

Longobardi was born in Naples. He continued to live there in the shadow of the Vesuvius and its history, and in the shadow of the dark, blood-stained and intensely sensual history of Naples.

The inclusion of the traditional *vanitas* symbol of the skull is not an indication of the triumph of death, but a sign that men must struggle to survive, and that some do not. The swimmer who navigates the dangerous waves about to engulf him, fights drowning in a morass of his own desires. Today, the hubris of scientific modern man is once again attacked by the forces of Nature

moderno è ancora una volta attaccato dalle forze della natura, che l'uomo, nelle sue esplorazioni e nei suoi esperimenti, nel suo desiderio di progredire e di sfuggire ad un inevitabile fato, ha tentato di ignorare. Tuttavia l'atteggiamento di Longobardi non è pessimistico né apocalittico. Lottare, nuotare controcorrente piuttosto che lasciarsi andare nel vortice delle tenebre significa, piuttosto che soccombere al nero vuoto del male, sopravvivere nell'abbagliante luce del giorno.

that man in his exploration and experiments, his desire for progress, and wish to escape his inevitable fate, has tried to ignore. Longobardi's attitude, however, is neither pessimistic nor apocalyptic. To fight, to struggle, to swim against the current rather than to passively be pulled into the vortex of darkness is to survive in the bright white light of day.

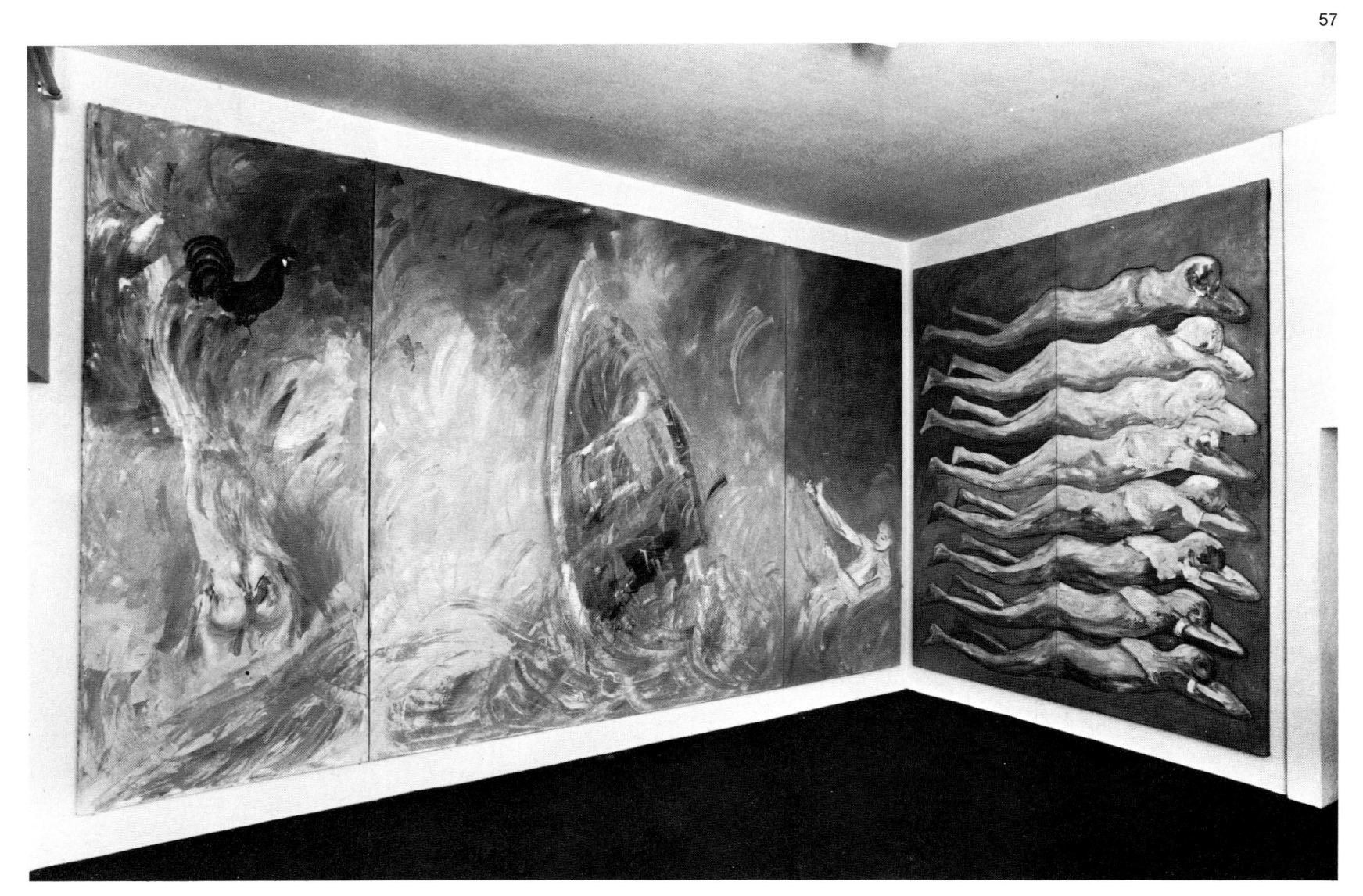

57

L'opera riprodotta in questa pagina e nella pagina precedente è stata realizzata ed esposta a Napoli da Nino Longobardi nel Novembre 1980, durante i giorni del terremoto.

The work reproduced in these two pages was created and exhibited in Naples by Nino Longobardi in November, 1980, during the week immediately following the earthquake.

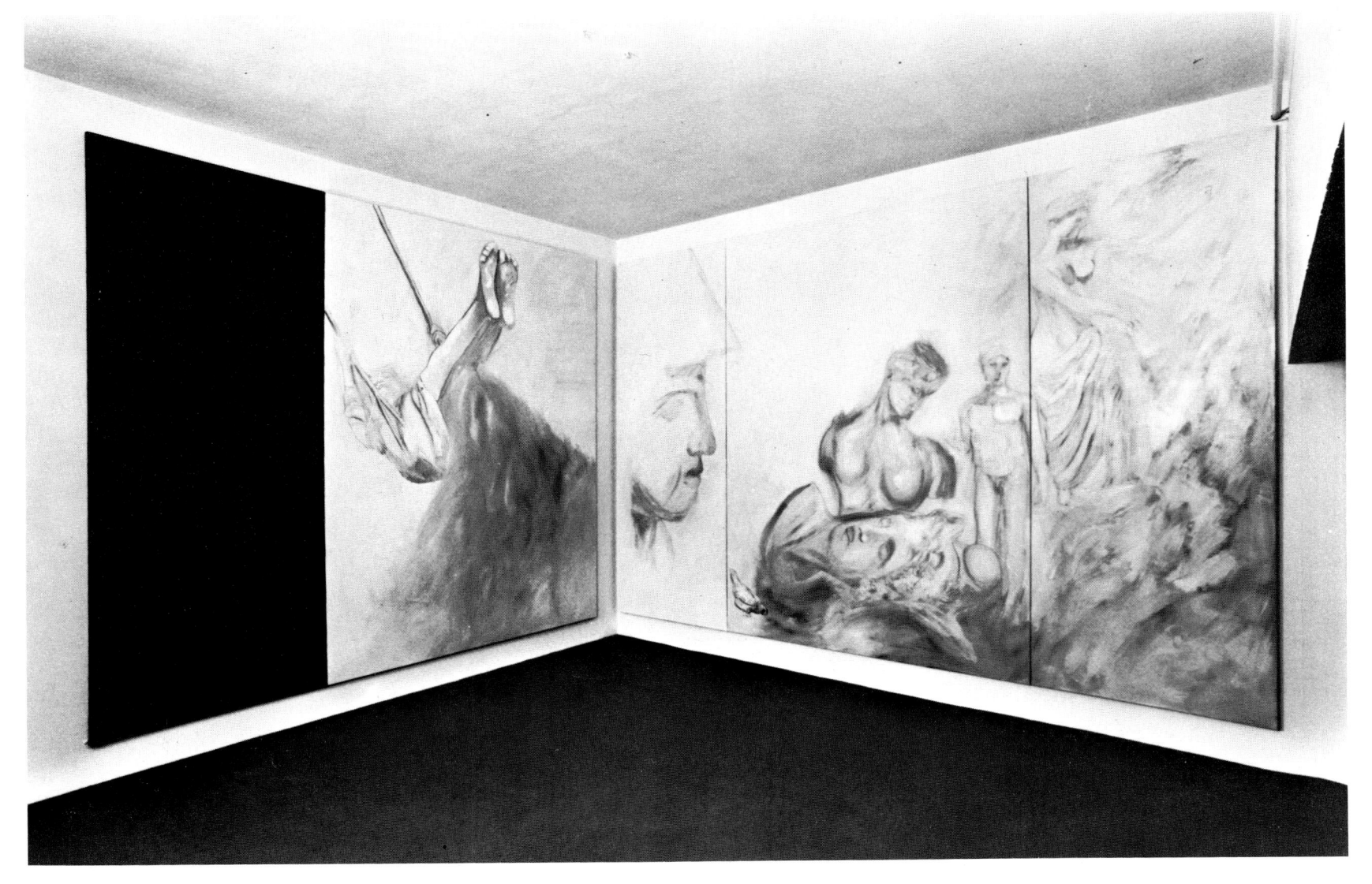

58

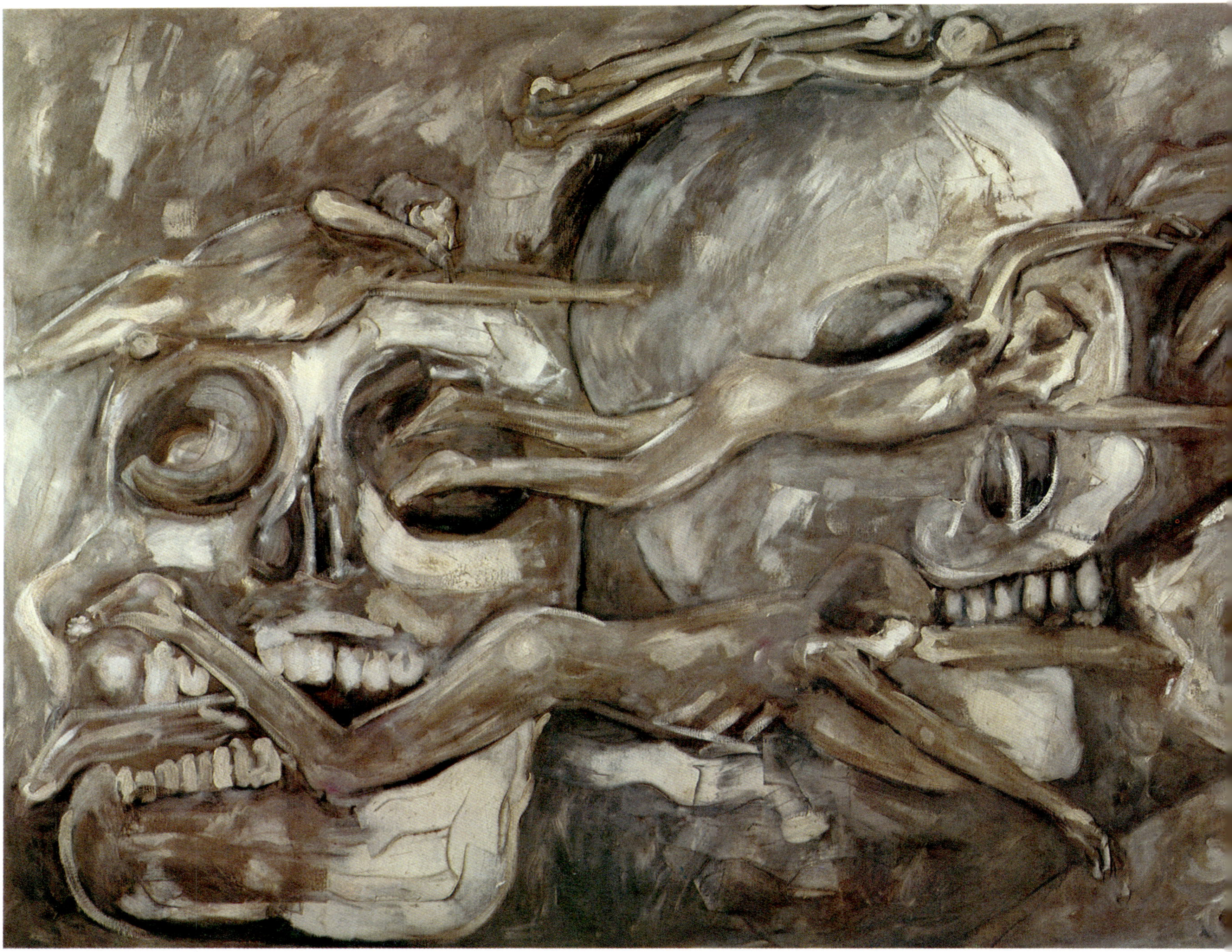

59

26 novembre 1980

DA SINISTRA
A DESTRA
IN ALTO E IN BASSO

62

Robert Mapplethorpe

Interview with Diego Cortez

Robert Mapplethorpe: The center panel was taken in front of a Naples church. The others were taken in different studio shootings, then put together into one piece, with the *Terrae Motus* project in mind. This is something I've never attempted before, and I'm happy with the results. The images are larger than lifesize.

Diego Cortez: Do you especially relate to previous moments in art or photo history?

R. M.: I've assimilated, I guess, the history of photography to the point where I'll be taking a picture and I'll feel like I'm in another period. All of a sudden, someone will take a pose, and they will look like something out of the Nineteenth Century. But, I'm not an intellectual. I don't read that much. I take pictures without trying to make a specific statement. I could say only that the basic statement I make with my work is that it's about *today*. Even the *Terrae Motus* piece, which is somehow old-fashioned, and very formal, would never have existed before the Eighties.

D. C.: Why?

R. M.: You would've never seen a Black man with a crown of thorns.

D. C.: There have been Black Christs pictured before.

R. M.: Yes. But not in a photograph. And, even though the skull, in the center photo, existed for centuries outside the church, it was never juxtaposed like you see here.

D. C.: How would you characterize the ambience or «feel» of your studio while working? How «clinical» a situation is it?

R. M.: I wish it were more. No, it's really funky.

D. C.: Is your work process automatic by now?

R. M.: No. I don't usually know what I'm going to do until I get into the studio and start working.

D. C.: But, I get the feeling that at the moment you release the shutter, you see exactly what will appear in the photo, right?

R. M.: First, I must make a commitment to enter the studio and make a good photograph. When I do commercial work, things are more organized and pre-set, whereas when I do my own work, I don't have a clue.

D. C.: You've currently made a pronounced departure into commercial work – TV commercials, fashion and home – interior photography?

R. M.: Well, once I submitted myself to the idea of doing fashion work, I was able to hire expensive locations, which I never was able to do before with my own work. I could then do much more complicated things. It opened up many new possibilities. Simultaneously, I expanded the perimeters of my own work. Yes, one has to argue with art directors. That part is complicated because you're selling something. You have to collaborate more. But, the fashion pictures for Italian *Vogue*, for example, I would stand behind and say, «Yes, this is my work». Hopefully, I'll be able to say the same about the TV commercials. What else can you do? Well, I think of designing a table or a chair then... I think there's an art to everything.

D. C.: How do you rank your work with other contemporary photographers? (laughs)

R. M.: I don't think about that.

D. C.: You don't?

R. M.: I really never say, «Gee, I wish I would've done that». But, I do know that if you have an idea, whether it's for a photograph or a painting, or anything, if you don't *do it*, somebody else will. Ideas sort of float in the air. But, artists are not really in competition with anybody but themselves.

D. C.: In your work, I feel an important achievement or success, is in the *quality* of the surface of your prints. We can forget, for a moment, the wonder-

nella *qualità* della superficie delle tue stampe. Lasciamo da parte, per un attimo, le meravigliose immagini. Pochi altri hanno creato una superficie così preziosa. Questo ha rafforzato la tua premessa di eguagliare con la fotografia l'unicità di un quadro. Penso che questo sia stato un passo importante nella storia della fotografia. Altri hanno realizzato grandi immagini, ma tu hai fatto qualcosa in più. Tu hai padroneggiato la tecnica di realizzare un oggetto prezioso, come dovrebbero fare i grandi pittori, Sei d'accordo?

R. M.: Credo che sia così, ma non stampo io le mie foto.

D. C.: Che differenza c'è?

R. M.: Per me, nessuna. Non voglio stamparle.

D. C.: Però dai tutte le direttive per stamparle. È come se lo facessi da te.
R. M.: Si, non vedo perché la gente non riesca ad ottenere una buona qualità di stampa. Ma accetto il fatto.

D. C.: Che ne dici del réportage?

R. M.: Il fotogiornalismo? Penso che sia un'altra specie di fotografia, e un altro tipo di mentalità che io non ho.

D. C.: L'hai evitato?

R. M.: Andare in giro a far foto con una macchina da 35 mm? Sarei qualcos'altro. Non ha niente a che vedere con la mia estetica. Se si giungesse a questo, farei qualche altra cosa. È persino diverso dalle mie puntate nel cinema, o nella moda. Il fotogiornalismo è un'altra forma d'arte, se la si ritiene un'arte, come io credo che sia. Non potrei mai essere un fotografo di guerra!

D. C.: Tutto quello che hai detto finora avvalora l'idea della preziosità dell'oggetto artistico. La gente che viene al tuo studio...

R. M.: Essere fotografato da me diventa un evento. Lo è anche per me.

D. C.: Create insieme un evento prezioso, spesso storico.

R. M.: Si, e non è un fatto improvvisato. È completamente controllato. Non ci sono istantanee, niente è causale. È una specie di performance fra me e il soggetto; se tutto questo non accadesse, non vorrei essere fotografo.

D. C.: Che significa l'idea di creare *Terrae Motus*?

R. M.: L'idea di usare il terremoto di Napoli in modo astratto significa ritrarre davvero la vita *oggi*.

D. C.: Mi piace l'idea di costruire un monumento che commemori più gli elementi naturali di distruzione che le sole vittime. È un approccio più radicale e che esalta maggiormente la vita. In quali altri tuoi lavori ci sono delle distruzioni e della rovina?

R. M.: Rovina e decadenza hanno qualcosa in comune?

D. C.: Si e no. Non dovrebbero. Ciò che a certuni può sembrare decadente, come il puro *godimento* della vita, o più specificamente, la vita di un artista, che può apparire superflua ad un operaio o a un dirigente d'industria, in ultima analisi è un modo di preservare la vita. Forse l'operaio o il dirigente contribuiscono più dell'artista alla distruzione della terra.

R. M.: Tra cinque anni potrò fare qualcosa di completamente diverso dalla fotografia. Ci sono certe zone del corpo che ho completamente esplorate. Non posso fare un altro torso nello stesso modo dell'ultimo. Quando sentirò di aver esplorato tutto ciò che voglio esplorare nelle tre aree del mio lavoro – nature morte, sessualità e ritratti – andrò verso qualcosa di completamente differente.

ful images. There seem to be few others who have created a surface so precious. This has strengthened your whole premise of equating the photograph with the uniqueness of a painting. I think this has been an important step in the history of photography. Others have come up with great images, but you have come up with more. You have mastered the ability to make a precious object, as great painters might. Do you agree?

R. M.: I guess so, but I don't print the photos myself.

D. C.: But, what difference does that make?

R. M.: No difference to me. I don't want to print them myself.

D. C.: No, but you lay down all the requirements for printing them. That's the same as printing them yourself?

R. M.: Yes. I don't see why people don't get a print quality that's desirable. But, I would agree that they don't.

D. C.: What about news photography?

R. M.: Photojournalism? I think it's another kind of photography, and another type of mentality which I don't have.

D. C.: You've avoided it?

R. M.: Walking around shooting with a 35 mm camera? I would be something else. It has nothing to do with my aesthetic. If it came to that, I would do something else. It's even more different than my going into film, or fashion. Being a photojournalist is a different art form, if you call it an art, which I guess it is. I couldn't be a war photographer!

D. C.: Everything you've said so far supports the idea of the preciousness of the art object. People coming to your studio to sit...

R. M.: It becomes an event, being photographed by me. It's also an event for me.

R. C.: You're creating a precious, often historical event.

R. M.: Yes, it's not something just off-the-cuff. It's completely controlled. There are no snapshots. Nothing casual. A performance happens between me and the subject, and unless it were that way, I wouldn't want to be a photographer.

D. C.: What about the idea to create *Terrae Motus*?

R. M.: The idea to use the Naples earthquake in an abstract way is really to picture life today.

D. C.: I like the idea to construct a memorial more to the natural elements of destruction than to the victims alone. It's a more radical and life-emphasizing approach. Where have themes of destruction or decay run through your work?

R. M.: Do decay and decadence have anything to do with each other?

D. C.: Yes and no. They don't have to. What may appear decadent to some people, like the mere *enjoyment* of life, or more specifically, the life of an artist, which may seem superfluous to the factory worker or the corporation executive, may actually be a true act of preserving life in the end. Perhaps these two mentioned professions contribute more to the destruction of the earth than that of the artist's.

R. M.: I may do something completely different in five years, other than photography. There are certain areas of the body which I've completely covered. I can't do another torso the same way as the last. When I feel I've covered everything I want to cover in the three areas of my work – still lifes, sexuality, and portraiture, I will move on to something completely different.

63

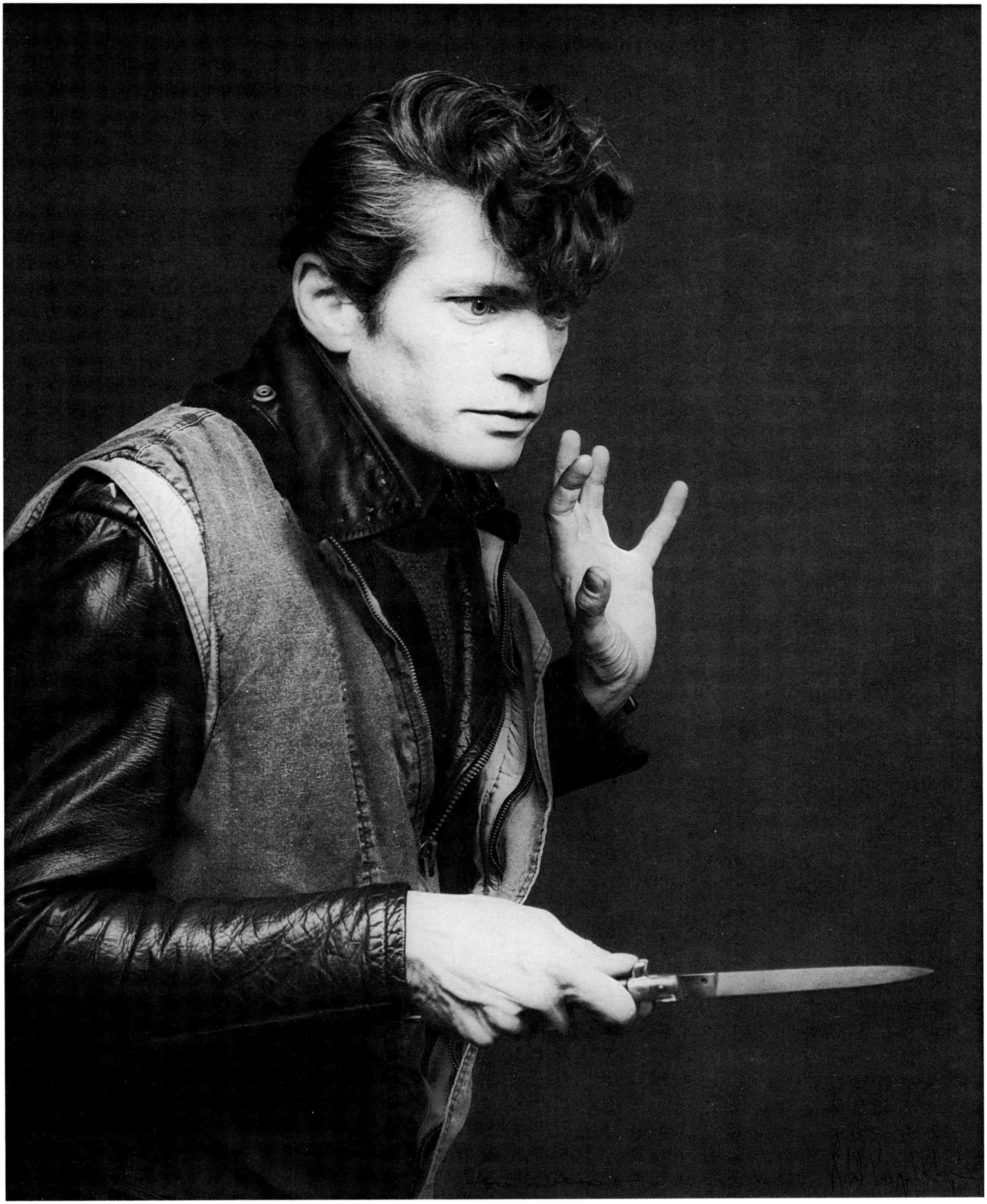

64

65

66

67

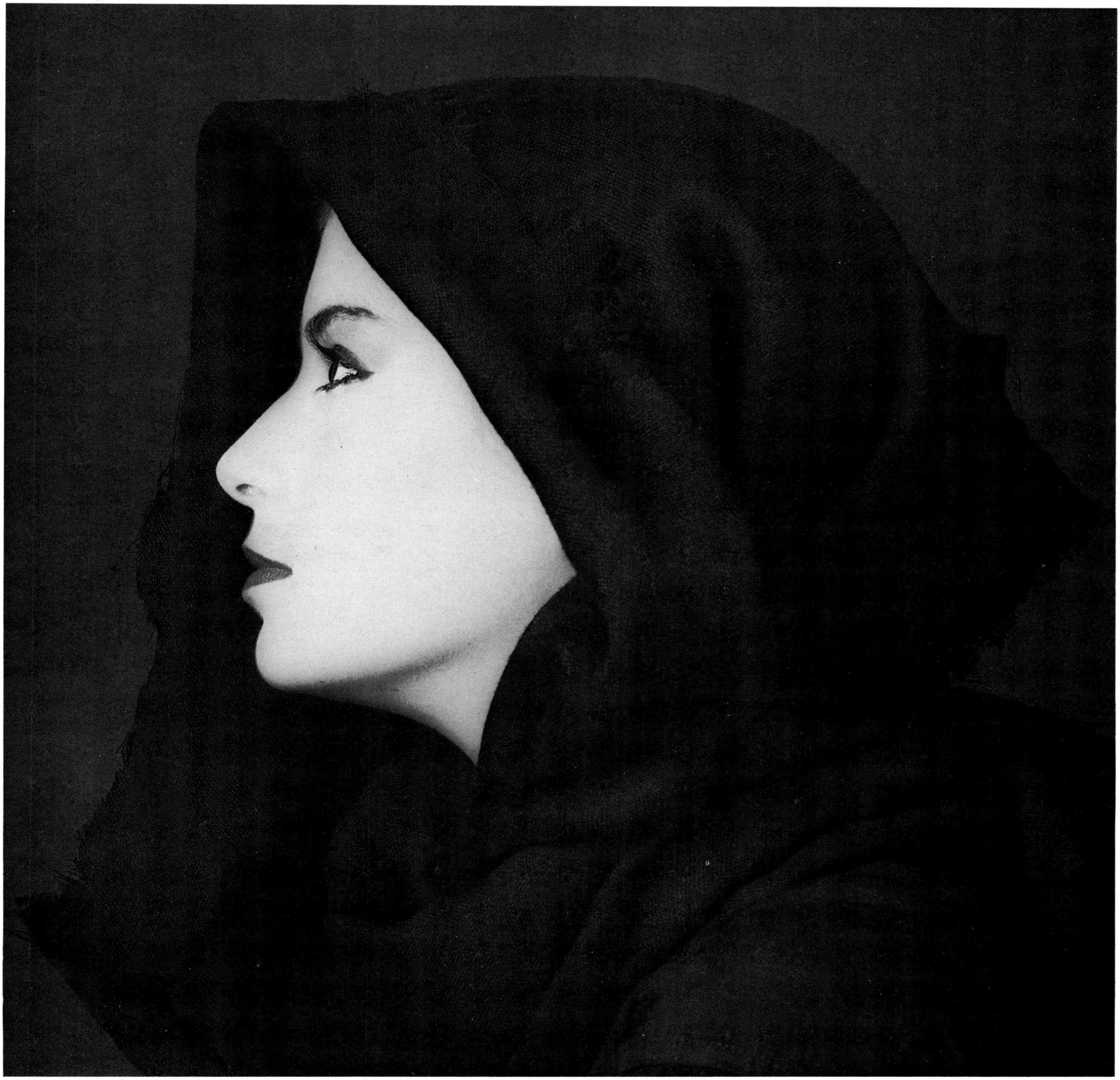

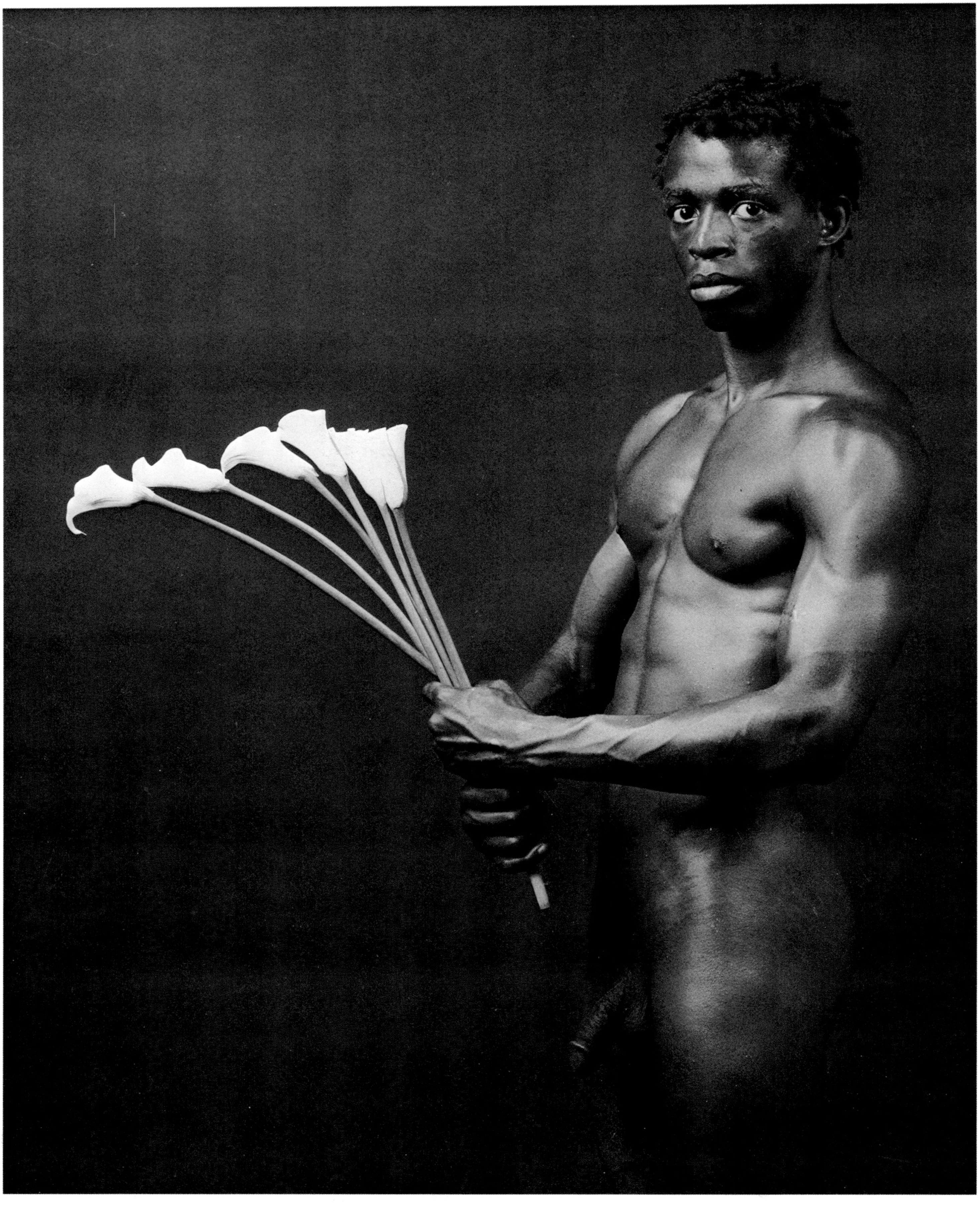

Mario Merz

Intervista con Bruno Corà

Bruno Corà: L'artista, come il fisico, scopre un fenomeno, ne individua le leggi e poi afferma secondo la nuova esperienza la più prossima realtà del mondo. Con l'opera egli si accerta di quel che esiste, l'osserva e subito è già altrove.

Mario Merz: Il «vuoto» è un campo che esprime già energia. Io credo che esista l'arte moderna in quanto cosciente di questo fatto. L'arte antica era più cosciente di dover rappresentare un soggetto. Nell'arte moderna, secondo me, il soggetto non esiste proprio. Anche quelli che fanno soggetto, fanno soggetti raccattati non valevoli. Il compito, se si realizza un oggetto – ed il quadro secondo me è anche un oggetto – quello che sia un oggetto energico, che esprima comunque il concetto che sta al di sotto della fisicità e psichicità degli esseri umani. Forse il titolo più moderno l'ha dato Boccioni quando ha dato il titolo...

B. C.: «Stati d'animo»?

M. M.: «Stati d'animo», un po' ottocentesco, sì, che poi è una curva parabolica... credo ... non so... Ci sono due sistemi di far l'artista, o quello che è colpito da un fatto patetico-psicologico che è il sistema dell'800 – e per esempio sono quasi tutti così quelli che fanno gli artisti – oppure l'artista che rinnega questo patetismo e fa un'altra cosa. Allora cosa fa? Fa l'urto; fa l'urto e vede l'energia che si sviluppa, non vede il pianto sull'energia. Sono due cose diverse. Uno è leonardesco; Leonardo certo era uno che si interessava all'energia. Si sarebbe molto interessato al terremoto; il terremoto per lui certamente era come guardare, fare il disegno di una foglia. Il terremoto è una cosa interessante, è una cosa che può anche dare la morte, però è interessante, come tutti i cataclismi del mondo sono interessanti. Oppure c'è al contrario quello che dice: «Ahi noi siamo sotto i colpi del destino, di dio prima, del destino senza dio dopo, ... poveri noi, poveri noi!» e avanti con pitturacce orrende dicendo «poveri noi, poveri noi».

B. C.: A proposito di questo, il lavoro che hai fatto a Napoli mi ha ricordato un lavoro precedente in cui il tuo occhio si innestava al disegno della casa della lumaca e poi, dilatandosi, diventava una grande spirale. Nell'opera di Napoli la spirale riappare e si unisce in modo analogico, come forma, all'idea di un'onda sismica.

M. M.: Per onestà devo dire una cosa: che io non conosco i mezzi tecnologici e anche matematici con cui delle persone dicono cos'è un terremoto. Io però vedo che il terremoto viene di colpo e nessuno riesce a prevederlo. Allora è venuto di colpo anche il mio gesto. *Il mio gesto è il terremoto*. Il gesto di disegnare una spirale sulla tela è sempre un gesto molto totale per cui la spirale è un'energia e per cui da tempo immemorabile i simboli delle spirali hanno dimostrato che esiste all'interno un centro che si dilata e dilatandosi crea o il disastro, oppure, non dico la bellezza, ma comunque il simbolo. Per ciò il mio lavoro non è descrittivo, non ho nessuna voglia di competere, da povero diavolo che fa dei quadri e degli oggetti, con quelli che sanno tutto quello che è un terremoto. Tutti gli sbalzi psichici che noi abbiamo nel nostro cervello sono dei terremoti; che poi il terremoto si sviluppa urtando pietra su pietra dentro il corpo della terra o si sviluppa dentro il cervello con pensieri che si urtano uno sull'altro, i terremoti sono anche nel cervello dell'uomo. Il problema che ha posto Lucio con questa iniziativa è fa venir fuori la *diversità d'osservazione* delle persone.

B. C.: Dunque i diversi segni del terremoto psichico?

M. M.: Eh sì!

B. C.: Poco fa hai detto che il terremoto non è prevedibile. Alcune tue opere, come «Pietre del selciato e vetri rotti della casa distrutta riattivata per l'arte» (1977), «Le case girano intorno a noi o noi giriamo attorno alle case?» (1979), «Casa sospesa» (1979), «Architettura fondata dal tempo – architettura sfonda-

Interview with Bruno Corà

Bruno Corà: An artist, like a physicist, discovers a phenomenon, deciphers its laws, and then, according to this new experience, states the closest real examples of it in the real world. To do this, he finds out what exists, observes it, and then goes on to other things.

Mario Merz: «Emptiness» is an area that already expresses energy. I believe that modern art exists, inasmuch as it is aware of this fact. Older art was more conscious of having to represent a subject. In my opinion, in modern art, subjects do not exist at all. Even those which stand as subjects are grouped together and therefore invalid. The goal entails the realization of an object, and, for me, a picture is also an object. If an object is realized, the goal is that it should be an energized object, which nevertheless expresses ideas that further the realm of physics and the human psyche. Perhaps the most modern name for this was supplied by Boccioni when he coined the expression...

B. C: «States of mind?».

M. M.: «States of mind». There are two ways of being an artist: either one is struck by a pathetic psychological fact, as was the system in the Nineteenth Century (and this is the case for most artists), or one rejects this patheticism and does something else. So, what can one do? One can strike a blow and observe the energy that grows from the point of impact – not the resulting *complaint against* the energy, as they are two completely different things. The first is «Leonardesque»; Leonardo was certainly someone who was interested in energy. He would have been extremely interested in an earthquake; for him it would have been really something to watch... and then draw on a piece of paper. An earthquake is an interesting thing. It can bring death surely, but it is interesting as is any world cataclysm. However, there are those who'd disagree and say, «We are ruled by destiny. First it was God, and now it is a godless destiny», and so forth, producing all those horrendous little pictures, all the while saying, «Poor us, poor us!».

B. C.: Speaking of the work you did in Naples, it reminded me of a previous work where an eye was worked into the drawing of a snail's house which, opening out, becomes a great spiral. Again, the spiral reappears in the Neapolitan work and is analogically linked in form with the idea of a seismic wave.

M. M.: Frankly, I have to tell you something. I don't know much about the technological or mathematical methods used to define earthquakes. Nevertheless, I know that they happen suddenly, and nobody is able to predict them. So, my gesture happened suddenly; my gesture is an earthquake. The gesture of drawing a spiral on the canvas is always a more complete gesture for those who see the spiral itself as a form of energy, and for those who, from time immemorial, have interpreted the symbol of the spiral as a nucleus, existing at the center of the spiral which opens out. In doing so, it gives rise either to disaster or, if not some form of beauty, then at least the symbol of it.
All those sudden psychic changes continually taking place in our brains, are also earthquakes. Whether or not an earthquake develops by forcing stone against stone in the depths of the earth, or by forcing one thought against another in the brain, earthquakes also take place in our human brains. Lucio's idea was to bring out the variety of different people's observations.

B. C.: Do you mean the diverse symbols of a psychic earthquake?

M. M.: Right.

B. C.: A short while ago you said it's impossible to predict earthquakes. There are your works like «Paving stones and broken glass from a ruined house brought back to life for the sake of art» (1977), «Do houses revolve around us or we around them?» (1979), «Suspended house» (1979), «Architecture founded on time – architecture uprooted by time» (1981), and «Temples snatched from the abyss» (1981), all of which seem to bear premonitions, and,

ta dal tempo» (1981), «Tempio rapito dagli abissi» (1981), sembrano tuttavia premonitrici ed hanno un forte potere evocativo di questo problema. Può un'immagine oggi parlare di un evento drammatico della storia senza scadere nell'illustrazione?

M. M.: Io vedo che nel mondo dell'arte non viene fuori l'illustrazione. O viene fuori il simbolo del disastro... il simbolo diciamo psichico ... non è che venga fuori l'illustrazione; anche perché come fai a competere con quella che oggi è la coscienza dell'uomo. In epoche pre-pre-storiche la storia ha creato la coscienza matematica del fenomeno...

B. C.: Logica quasi...

M. M.: Logica! Per cui il terremoto diventa una cosa illogica, perché uno dice: ma come, se tutto è logico, il terremoto è illogico; allora noi viviamo quella specie lì di idea che il terremoto è una cosa illogica, mentre in realtà il terremoto è una cosa logica. L'uomo preistorico sapeva che la terra respirava e tu sai che la terra respira, il vulcano respira; allora il terremoto è un movimento della terra perché magari la terra si sta acclimatando nei milioni di secoli alla sua fine, però è ancora viva. È il terremoto che fa vedere che la nostra logica è illogica.

B. C.: Non ti sembra che il terremoto come evento porti di nuovo in evidenza un concetto che è apocalittico, ma in senso di 'apocalisse culturale'?

M. M.: Vedi, noi siamo partiti con quest'idea ed abbiamo navigato e perseguito tutti i processi della cultura moderna. Io ho l'impressione dichiarata, e mi sento in grado ormai di poterlo dire quasi, che c'è stata un'onda di riflesso tale per cui tutte le cose interessanti sono state dimenticate e sono venute alla ribalta delle porcate qualsiasi, cioè il fascino della donnetta che si mette a piangere perché la casa va giù; va bene, d'accordo, questo è fantastico, ma non è quello il terremoto! Non è quello! Il terremoto è il respiro della terra anche se ha conseguenze gravissime... Cosa ne pensi tu?

B. C.: Penso che c'è un aspetto contingente che è quello del dramma e c'è un aspetto invece che scavalca il dramma e che diventa esperienza filosofica sulla vita, allora è già nel progetto dell'arte.

M. M.: Non dico che il terremoto non deve fare impressione, non credere che a me per esempio non faccia... ho la sensibilità di un cane, scappo immediatamente, io son così... intanto vado fuori di queste mura orrende che ci coprono per tutta la vita; quindi me ne vado all'aria aperta, anche perché tutta questa muraglia che ci copre sempre per tutta la vita a me non piace molto. È una delle ragioni per cui ho fatto anche l'arte. I terremoti hanno cambiato i paesaggi e magari noi non lo sappiamo ma lo fanno ancora. Per esempio lì a Pozzuoli è così; mi ricordo di aver visto un tempio sott'acqua, una cosa stranissima, di un fascino diciamo struggente, tanto è meraviglioso: un tempio sott'acqua fa pensare alla cattedrale inghiottita. Io mi sento più me stesso se considero le forze della natura dentro il lavoro, dentro di me piuttosto che fare il piagnone e dire che io sono diverso dalla natura. Ecco il mio rapporto concettuale è questo: io testimonio sempre nel lavoro una coscienza della natura; io faccio più parte della natura di quanto faccia parte della storia, perché a me la storia degli uomini in realtà non piace, trovo che è una storia di delitti, di perdita di dignità e basta; invece la storia dell'uomo come sopravvivenza sul pianeta, quella è favolosamente interessante. Sai che io in fondo amo Confucio, amo i poeti lirici piuttosto che quelli che amano Napoleone o quelle palle lì insomma. Per me quelli sono dei veri rompiballe, compreso Napoleone. Se io fossi stato vicino a Napoleone certo non avrei fatto il suo ritratto, avrei fatto il ritratto delle montagne o delle foglie sulle montagne, i mari, ma certo a me gli uomini piacciono proprio poco... quindi in fondo più vado avanti più amo i terremoti...

Nel Medioevo il vantaggio che comportava un terremoto era che la gente, pensando che fosse un castigo di dio, per altri due tre anni si comportava bene...

consequently possess great evocative power. Is it possible today for a picture to portray a dramatic historical event without resorting to illustration?

M. M.: I think that in the art world, there isn't much illustration. There's only the symbol of disaster... the symbol, let's say, of the psyche. There isn't much illustration, also because, how on earth can anyone compete with present-day human awareness? In pre-pre-history, a mathematical awareness of this type of phenomenon was created.

B. C: Almost a logical one...

M. M.: Logical! For those who see an earthquake as an illogical thing, why do people say, «What are you talking about?» If everything's logical, then an earthquake appears totally illogical. Prehistoric man knew that the earth breathed. A volcano breathes. The earth is slowly moving towards its death a million centuries from now. So the earthquake shows that our logic is illogical!.

B. C.: Don't you think that an earthquake also presents us with the concept of the apocalypse, in the cultural sense of the word?

M. M.: You see, we started out with that idea, and yet we have navigated our way through all the processes of modern culture. I have the concrete impression, and I feel entitled to declare, that there has been a great ebbing wave such that all the interesting things were forgotten, only to be called back again by any dirty trick... I mean, the fascination of the little old lady who bursts into tears because her house is collapsing ... OK ... that's fantastic, but it's *not* an earthquake, that it isn't! An earthquake is the earth's breathing, even if it brings about very serious consequences.

B. C: I think the drama is a contingent factor, but there is also a factor which jumps right over the drama and becomes a philosophic experience of life, the latter being already present in the make-up of art.

M. M.: I'm not saying that an earthquake shouldn't leave an indelible impression. Don't think that I'm not affected, on the contrary, I'm incredibly sensitive... I escape immediately, that's the way I am. I get out beyond those terrible walls which seem to enclose us for the whole of our lives, get out into the open air. That's one of the reasons I took up art, probably because I don't like that. Earthquakes have altered landscapes and, although we might not know it, continue to do so. Yes, that's what's happening in Pozzuoli, for instance. I recall seeing the almost submerged temple, an incredibly strange sight, but, let's say, one which is so strikingly fascinating that it's awe-inspiring; a submerged temple conjures up ideas of an engulfed cathedral. I feel more myself when I think about the forces of nature contained in my work. Yes, myself, and not one of those «cry-babies» moaning on about being different from nature. So, my view of the whole thing is this: I continually witness an awareness of nature in which proclaims the fact that I am part of nature myself. I'm more a part of nature than of history, because, to tell the truth, I'm not keen on human history, which I see as a history of crime, loss of dignity, and nothing else. On the other hand, the history of mankind, in terms of the survival of man on this planet, – that's something that's *really* interesting! You know that I love Confucius and prefer the lyric poets to those who love Napoleon, and all that rubbish. Those people, including Napoleon, are just a pain in the arse! Yet there's also a sort of hidden history. If I had know Napoleon, I definitely wouldn't have painted his portrait, on the contrary, I would have done a mountainscape, landscape or seascape. I really don't like men like that! So, actually, the more I progress, the more I like earthquakes. In the Middle Ages, the advantage of an earthquake was that for about two or three years, the people, believing it to have been a punishment sent from God, tried to really behave themselves...

architettura fondata
dal tempo
architettura sfondata dal tempo
vedere la colonna
chiara, geometria e marmo fusi,
salire staccata meravigliosa
colonna illuminata dal sole
e nella notte da se stessa
illuminata,
riposante e esaltante
a dispetto delle diversità e
delle avversità,
la prova della vita dell'uomo
la prova della vita della storia
la prova della resistenza
e della superiorità intellettuale
affascinante baluardo
e non seconda a essere
volontariamente colpita
dai fulmini degli eserciti
e del sole,
ecco del buio della pozza d'acqua
si fa lampada di coraggio.
ancora c'è il coraggio di esistere nella storia dell'uomo
e nella storia del pianeta. Essa è rimasta
solitaria erta da laggiù dove
i terremoti si sono scatenati
e da laggiù dove
le case si sono frantumate
essa rimane, allora penso
che i terremoti sono come gli dei della guerra
contro i quali solo un eroe fortunato
è potuto sopravvivere.
sinceramente la mia visione intellettualistica
del terremoto nell'attimo
in cui ricordo la meravigliosa colonna
che vidi anni fa
nell'attimo, in cui
essa potrebbe spezzarsi e cadere
ore 7,12 del giorno 11 gennaio 1984.
grazie agli dei
l'attimo è già passato.

Mario Merz

Architecture built by time
Architecture fallen by time
See the column
Clear, geometry and marble fused,
Rise marvellous detached column
Lit by the sun
And in the night lit by itself,
Restful and exalting
In spite of differences and adversities,
The proof of the life of man,
The proof of the life of history
The proof of the resistance
And the intellectual superiority
Enchanting bulwark
And not second to be willingly struck
By the bolt of armies and sun,
Here from the darkness of the waterwell
It becomes the light of courage to exist
In the history of man
And in the history of the planet.
It has remained the solitary ascent
From down there where the earthquakes broke out
And from down there where the houses broke down
It remains, then I think
That earthquakes are like Gods of the world
Against whom only a fortunate hero has
   been able to survive.
Sincerely the intellectualism of my vision
Of the earthquake in the moment in which I remember
The marvellous column seen years ago
In the moment in which it could break and fall down
At the hour of 7:12 on the 11th of January 1984.
Thanks to the Gods
The moment has already passed.

Mario Merz

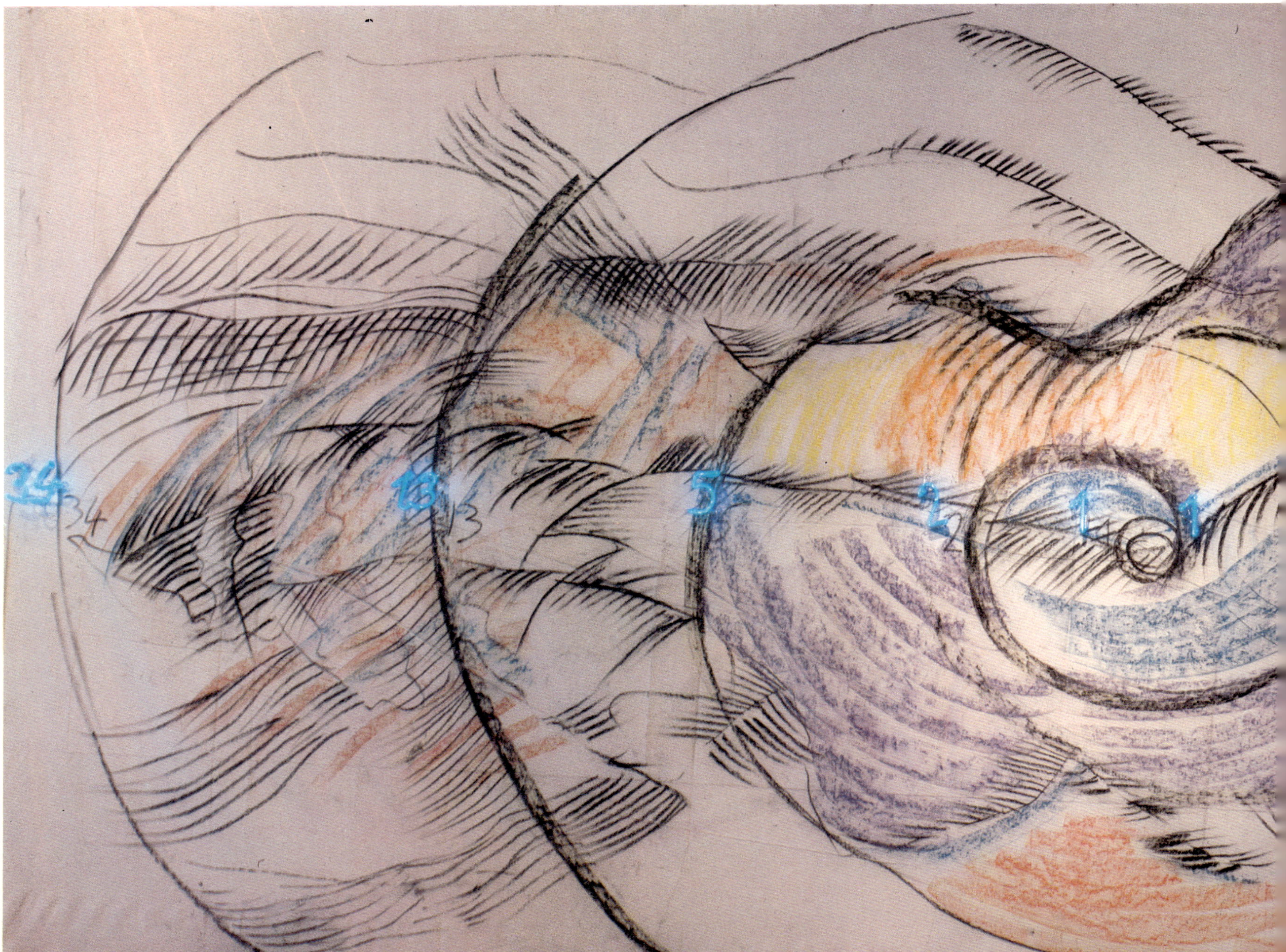

69

70

71

72

Oswald Oberhuber

Intervista con Peter Weiermair

Peter Weiermair: Signor Oberhuber, cosa spinge un artista austriaco a partecipare ad un progetto come *Terrae Motus*?

Oswald Oberhuber: L'esistenza di una città continuamente minacciata dal terremoto. Si sa che Napoli può in qualsiasi momento essere totalmente distrutta da un improvviso cataclisma del genere, e che malgrado questa incombente minaccia la città continua a vivere, la gente non va via ma resta lì pronta, nel caso tutto crollasse, a ricostruire tutto nello stesso posto. Questo fatto straordinario non può non coinvolgere gli artisti, sia se si considera la cosa dal punto di vista sociale ed economico, sia da qualsiasi altro punto di vista. L'artista interpreta questa realtà trasferendo l'emozione nell'opera. Il fatto poi che artisti diversi rispondano in modi diversi e spesso divergenti aggiunge interesse al progetto.

P. W.: Lei si definisce spesso un artista molto legato alla cultura italiana.

O. O.: Non mi sento di affermare ciò in modo diretto, poiché le situazioni nazionali ed internazionali risultano sempre molto fluide. Tuttavia per me è certamente importante l'apporto dell'arte italiana, tanto rilevante da non poterlo ignorare. È anche in un certo senso stimolante fare qualcosa in questo Paese, magari proprio per i conflitti che possono crearsi.

P. W.: Tutto il suo lavoro sembra imperniato su tematiche analoghe a quelle suggerite dal tema del progetto.

O. O.: È certamente vero, ma in questo caso la mia opera è stata realizzata tenendo conto del tema specifico proposto.

P. W.: È possibile chiarire quali sono esattamente le intenzioni di questo suo lavoro?

O. O.: L'opera è basata sugli elementi da sempre presenti nel mio lavoro: gli animali, l'uomo, il paesaggio o il mondo vegetale. L'uomo vi esiste con le sue paure, con la sua angoscia della morte, contro la quale lotta senza sosta.

P. W.: Tuttavia nel suo lavoro il tema della distruzione e della morte non sembra mai aver una dimensione tragica, al contrario appare sempre una componente di speranza o, come qualcuno afferma, un'attitudine lirica. Può essere considerato questo suo atteggiamento simile a quello dei napoletani?

O. O.: Si, credo proprio di si. Conosco Napoli per brevi soggiorni. La vitalità e l'indifferenza di questa gente nei confronti della vita è fortissima: si vive in modo estremamente intenso e tuttavia si dubita della vita. Fondamentale è la componente lirica per un suo grande margine di speranza, che può significare: sopravviviamo, esistiamo anche quando siamo coperti dalla terra.

Interview with Peter Weiermair

Peter Weiermair: Mr. Oberhuber, what drives an Austrian artist to participate in a project like *Terrae Motus*?

Oswald Oberhuber: The existence of a city continually menaced by earthquakes. It's known that Naples can, in any moment, be totally destroyed by a sort of unforseen cataclysm, and that despite this impending threat the city continues to live, the people don't leave, and are prepared, if all collapses, to reconstruct everything in the same place. The artist can't help but to be inspired by this extraordinary fact, even when considered from a social, an economic, or even any other point of view.

He interprets this reality by transfering this emotion to the work. Various artists respond in various and often divergent ways, and this adds interest to the project.

P. W.: You often define yourself as an artist who is closely linked to Italian culture.

O. O.: I don't feel I affirm this in a direct fashion, since the national and international situations always end up very intermixed. Nevertheless, the contribution of Italian Art is quite important to me, and is so relevant that it can't be ignored. It's also, in a certain sense, stimulating to work in this country, precisely because of the conflicts that can arise.

P. W.: All your work seems related to similar themes as the one suggested by the project *Terrae Motus*.

O. O.: That's right. Except that in this case my work was done with a specific consideration on the suggested theme.

P. W.: Could you explain what exactly were your intentions in this work?

O. O.: This work is based on elements persistently present in all my work: animals, men, landscapes or vegetative world. Man lives inside of the work with all his fears, all his anguish of death, against which he struggles without a pause.

P. W.: However, in your work the theme of destruction and death never seems to have a tragic dimension, but, on the contrary, it always appears to have an element of hope or, as someone affirmed, a lyric attitude. Can this attitude of yours be considered similar to that of the Neapolitans?

O. O.: Sure, I believe so. I only know Naples from short stays. The vitality and the indifference of this people with respect to life is very strong: one lives in an extremely intense way and nevertheless one doubts life. The lyric element is fundamental because of its large margin of hope, which can be expressed as: we survive, we exist, even when we are covered by earth.

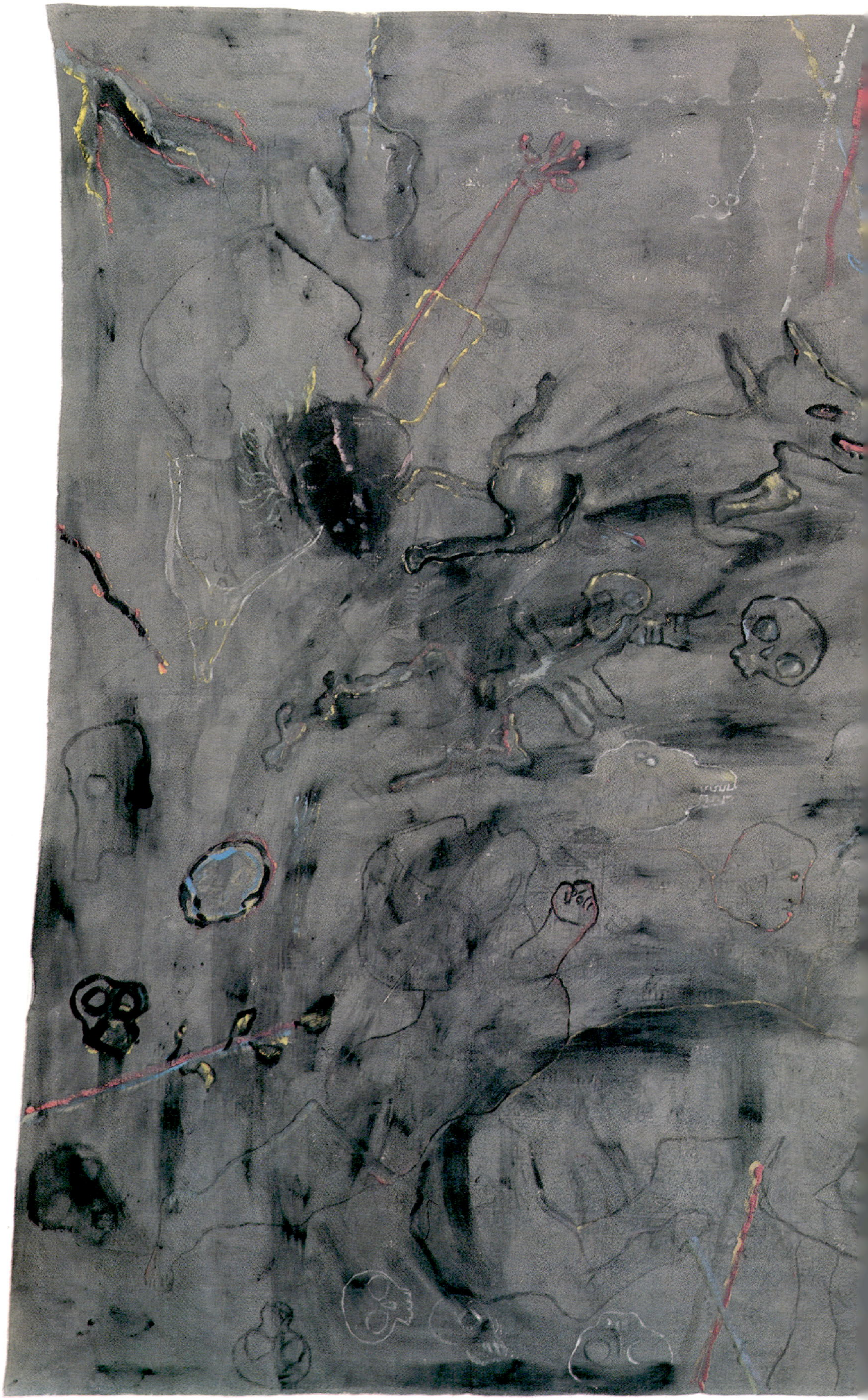

73

74

Mimmo Paladino

Intervista con Michele Bonuomo

Michele Bonuomo: In tutti i tuoi lavori il titolo dilata notevolmente lo spazio del significato, occultando spesso i confini in cui si muove. In questo, realizzato per la collezione *Terrae Motus*, il titolo («Re uccisi al decadere della forza») allude ad una tensione dinamica che ha un suo punto d'origine in una sorta di concezione misterica del fare artistico.

Mimmo Paladino: «Re uccisi al decadere della forza» è un titolo alchemico: il quadro ha un carattere di grande irruenza, giocato con sottigliezza sul filo d'una emozione per una vicenda a me contemporanea, ma allo stesso tempo estesa a situazioni ancestrali, lontanissime da me. Il titolo, poi, evidenzia un'idea del lavoro architettato in superficie attraverso una sorta di geometria alchemica. Il re in questione ancora una volta è l'*artifex* dell'Alchimia, cioè colui che ha la facoltà e il potere di tramutare le materie vili in oro. Come vedi il titolo può portare molto lontano rispetto alla semplice visione dell'opera. Nell'alchimia, come nell'arte, le scienze esatte sono centrali, ma la dimesione del mistero sarà sempre difficile da controllare.

M. B.: In questo quadro il terremoto ha un ruolo e un significato preciso?

M. P.: Il terremoto m'interessa per lo stato d'allarme che – a tutti i livelli – fa scattare nella gente. I possibili significati affondano le loro radici in un humus profondo ed enigmatico, spesso imperscrutabile con i soli occhi dell'intelligenza.

M. B.: Anche l'arte vive una sua condizione di allarme, di terremoto continuo...

M. P.: È un discorso che ha radici lontane e può portare lontano.
Se le avanguardie storiche seguivano il filo rosso dell'ideologia, le esperienze a noi più vicine nascono e si agitano all'interno di un magma incontrollabile. Il lavoro degli artisti contemporanei ha un andamento oscillatorio stranamente paragonabile ai movimenti fisici della terra: «Re uccisi al decadere della forza» è nato in un momento in cui il mio atteggiamento verso le circostanze esterne era di ritiro, di riflessione. L'atmosfera che s'era venuta a creare a Napoli dopo il terremoto fece scattare il quadro in una dimensione intima, non finalizzata. Lentamente, poi, il lavoro si è stratificato, ed era naturale che a quel punto avesse una sua destinazione all'interno di tutto il progetto *Terrae Motus*. La mia ricerca è in equilibrio tra progetto e estemporaneità...

M. B.: È provocatorio l'uso del termine equilibrio?

M. P.: Niente affatto. Ogni mio lavoro è sempre e totalmente in equilibrio, nel senso che il movimento non è mai dichiarato, né in un senso, né in un altro. Io mi considero un artista sospeso su un filo: posso cadere da un momento all'altro, ma non voglio cadere da nessuna delle due parti. E il quadro è il prodotto di quest'equilibrio.

M. B.: La discontinuità è un elemento che caratterizza tutta la nuova pittura italiana, ma secondo te che cosa significa?

M. P.: Originariamente non era un atteggiamento intenzionale, era piuttosto il disagio provocato dal nostro stesso lavoro nato da instabilità, insoddisfazione, desiderio di libertà. Con il tempo, purtroppo, si è ritornati allo «stile», ad un linguaggio identificabile. Il mercato, le gallerie sono state delle vere e proprie interferenze, in parte hanno smorzato la vitalità iniziale fatta di continua fabbrica di misteri e di corti circuiti. Gli artisti hanno un obbligo di grande rigore. Ogni lavoro, ogni mostra deve essere una continua ricerca di tensione, e i tempi per evidenziare queste tensioni sono estremamente rari. L'eccessiva produzione ha ridotto questi tempi rari e magici. Io ho sempre visto l'artista come un navigatore continuamente alla deriva; oggi, invece, è sempre più un tranquillo signore in barca. L'antieroe pratica l'arte nel suo studio...

Interview with Michele Bonuomo

Michele Bonuomo: In all your work, the titles you use can be interpreted in so many ways, that often the boundaries of meaning become hidden. In this particular work, the title «Kings assassinated at the decline of their power» alludes to a dynamic tension, which has its origins in quite a mystical concept of artistic work.

Mimmo Paladino: «Kings assassinated at the decline of their power» is a title taken from the study of alchemy. The painting has quite an impetuous feel to it, a subtle play on the emotion caused by an event taking place today, but also extending back to ancient times, far beyond the reach of my perception. Moreover, the title points to the notion that the work was designed, at least on the surface, according to a set of alchemical geometric rules. The 'king' in question is, once again, the maker of alchemy – the one with the knowledge and power to change base substances into gold. The title reaches far beyond the visual impact of the work. In alchemy, as in art, precise knowledge plays a central role, whereas their mysterious aspects will always be difficult to control.

M. B.: How do earthquakes relate to this subject?

M. P.: I'm interested in earthquakes for the feeling of alarmed panic they arouse in everybody, regardless of rank. The possible interpretations of this are deep-rooted in a very enigmatic ground and consequently can't be perceived through the 'eyes' of intelligence alone.

M. B.: Art exists in a continuous state of alarm sparked off by different kinds of intellectual earthquakes!

M. P.: The work of contemporary artists manifests a type of oscillation which is strangely similar to the physical movements of the Earth. «Kings assassinated at the decline of their power» was created at the moment of a period of extreme personal reserve and reflection. The atmosphere built up in Naples after the earthquake sparked off an intimate but unfinished aspect to this painting. Slowly but surely, the work became stratified in a way that it was natural for it to be included in the *Terrae Motus* project. All my attention was in trying to recreate an 'atmosphere', rather than a mere surface. These days, any study I do is balanced between 'projects' and impromptu works.

M. B.: In using the term «balanced», are you trying to be provocative?

M. P.: Not at all! All my work is always totally balanced in the sense that in no way is movement ever stated. I consider myself to be an artist on a highwire: I could fall at any moment, only that I wouldn't want to fall on either of two sides. This painting is the product of this balance.

M. B.: Lack of continuity is one of the main characteristics of recent Italian painting. What, in your opinion, does that signify?

M. P.: It wasn't an intentional thing, it was more a sort of uneasiness caused by instability, dissatisfaction, and a desire for freedom. Then, as time went on, there was an unfortunate return to the language of 'style'. The market and galleries interfered and partly deadened the initial vitality coming forth from that production of mysteries and short-circuits. Artists are subject to an extremely rigorous obligation. That is that each work and exhibition should be a continual search for tension, but the opportunities to express this tension are extremely rare. Overproduction has reduced these rare magic moments. I have always regarded an artist as being a navigator who is continually off-course, but today, he's becoming a more and more tranquil man out in a boat. Antiheroes practise art in their studios...

75

76

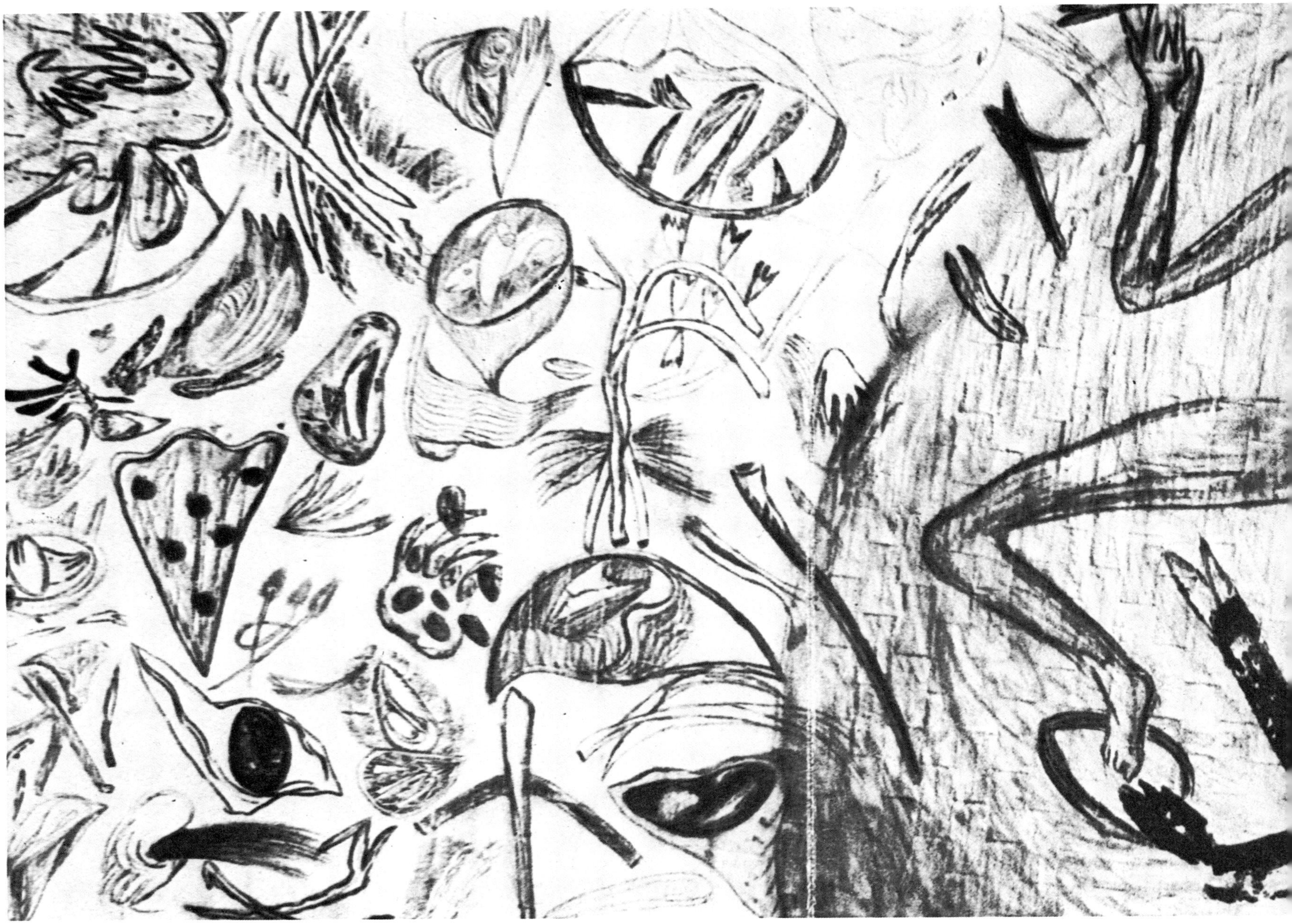

77

78

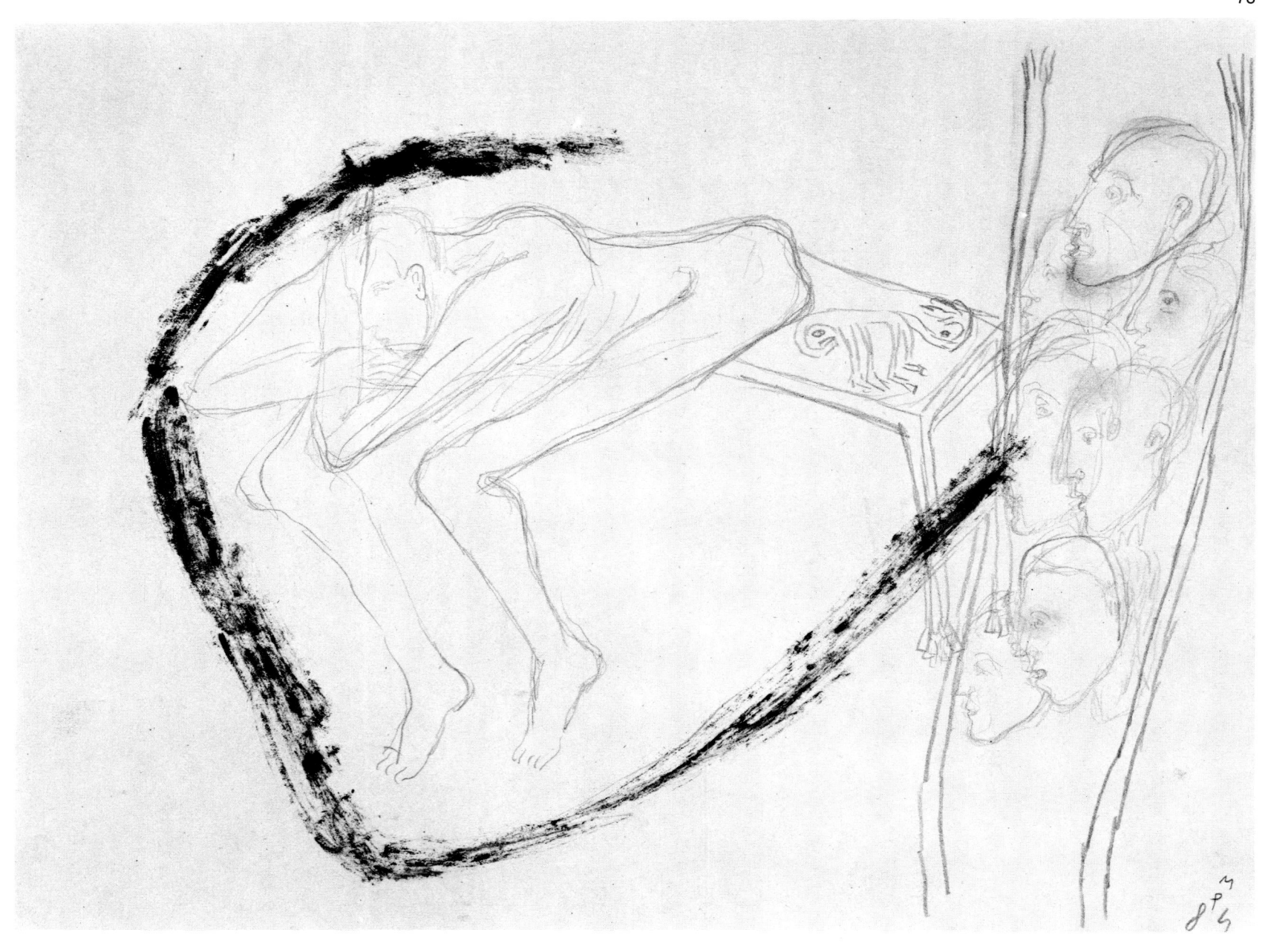

79

80

A.R. Penck

« Terremoto in birreria » di A. R. Penck.

Non avevo mai vissuto un terremoto, ma avevo vissuto diverse catastrofi; ho visto la fine della guerra da bambino, ho visto bruciare la città di Dresda, sono stato testimone di molte tragedie umane, liti, crolli nervosi, separazioni, follie.

Tutte queste drammatiche esperienze si sono raccolte in me in una sorta di concentrato intorno al tema della catastrofe. La catastrofe più grande è stata per me la birreria.

Le persone, per lo più operai, arrivavano dopo il lavoro verso le cinque nella birreria e sedevano quasi sempre in silenzio fino all'una di notte e bevevano birra. Questa era all'incirca la situazione quando sono arrivato nella birreria. Per me era un periodo di crisi, di riflessione dopo gli avvenimenti del 1976.

Ho voluto vivere e rivivere quello che si fa nella birreria. L'opera « Terremoto in birreria » è un riferimento alla mia emozione spirituale su questo fatto. In seguito ho tentato di modificare questa situazione, ma far progredire la vita in birreria è stato realmente difficile.

Non so se loro, i bevitori, sono ancora seduti lì come una volta. Penso che malgrado i cambiamenti dei tempi essi siano ancora seduti lì a bere. Era proprio questa loro imperturbabilità che faceva scattare la mia profonda emozione spirituale. Nella birreria sentivo la terra tremare nella mia anima.

In seguito ho dipinto l'opera « Terremoto in birreria ». Non so se in colui che osserva l'opera scatta la stessa emozione che è scattata in me.

« Earthquake in the Tavern » by A. R. Penck

I have never experienced an earthquake, but I have lived through various catastrophes; I saw, as a child, the end of the war, I saw the city of Dresden burn. I have witnessed many human tragedies, controversies, nervous breakdowns, separations, and madness.

All these dramatic experiences have collected inside me in a sort of concentrated way, in the theme of 'catastrophe'. The greatest catastrophe for me, however, was found in a tavern. The people, or rather the workers, came to the tavern around five o'clock, after work. They sat down, almost always in complete silence, and drank beer until one o'clock in the morning. This was, more or less, the situation I found when I arrived at the tavern. For myself, it was a period of crisis, of reflection – after the events of 1976.

The work « Earthquake in the Tavern » is a reference to my spiritual emotion about this fact. Afterwards, I attempted to modify this situation, but to advance the life in the tavern was really difficult. I don't know if they, the *drinkers*, are still seated there, as once a time ago. I believe that, despite the changes of time, they are still sitting there drinking. It was precisely that, their imperturbability, which inspired my deep spiritual emotion. In the tavern, I felt the earth tremble in my soul.

Then I painted the work « Earthquake in the Tavern ». I don't know if the work inspires the same emotion in those who observe it, as it did for me.

81

82

83

Gianni Pisani

Intervista con Felice Piemontese

Felice Piemontese: *Il letto* è del '63, il terremoto c'è stato nell'80. Non c'è una forzatura, da parte tua, nell'inserire proprio quell'opera nella collezione *Terrae Motus*.

Gianni Pisani: A me pare di no, a parte il significato assolutamente centrale per la mia opera che io attribuisco al *Letto*. In questo oggetto c'è Napoli con tutto il suo senso incombente di morte, di tragedia, quella specie di confidenza con la morte che abbiamo dentro da sempre. Potrei dire con una battuta non troppo originale che a Napoli il terremoto c'è sempre, anche quando la terra non trema.

F. P.: Hai detto che al *Letto* attribuisci il carattere di spartiacque, di boa nella tua esperienza artistica. Parliamo allora di quello che è successo prima, cioè degli anni del tuo esordio.

G. P.: Mi piaceva la pittura, sono arrivato all'Accademia senza nessun retroterra da rimuovere, da superare. Per mia fortuna ho avuto buoni maestri, non sono passato attraverso la fase dell'omaggio alla tradizione. Oggi può sembrare scontato, ma non dimenticare che sto parlando degli anni '50. Così ho saltato tutta la fase, diciamo così: «napoletana» i miei primi grandi amori sono stati Picasso, Klee, Chagall, Bacon, Burri.

F. P.: Parliamo ancora del *Letto*. Sanguineti, a suo tempo, ne ha suggerito una interpretazione in chiave psicoanalitica, e credo che il suggerimento andrebbe raccolto, ma ha fatto riferimento anche alle favole dei bambini, «quelle favole piuttosto orrende che soltanto i bambini pare siano disposti ad ascoltare con gusto».

G. P.: E infatti questo tipo di lettura mi sembra assai più pertinente di quella secondo cui si trattava di un oggetto pop o di un'anticipazione della *body art*. In quell'opera volevo che ci stessero molte cose, la mia infanzia, la scoperta del sesso, la madre, il dolore, e poi ci sta dentro sicuramente il mio inconscio, il senso della vita che se ne va, delle cose che si consumano. Ed è anche una reliquia, come molte altre mie opere.

F. P.: In te ci sono molte componenti che andrebbero analizzate, più di quanto non sia stato fatto. Quella narcisista, ad esempio, o quella religiosa, ma parlerei anche di una tua dimensione letteraria e poetica che del resto mi fa amare particolarmente certe tue opere.

G. P.: Questo è molto giusto, per me l'importante è raccontare qualcosa, qualcosa di cui io sono sempre il protagonista (ecco Narciso). Non mi sono mai ripromesso di essere *innanzitutto* pittore, bensì, lo ripeto, di raccontare delle cose. E questo spiega sia il fatto che io abbia potuto essere di volta in volta considerato un pop-artista o un cultore della *body art*, sia il fatto che io abbia usato, in tanti anni di attività, le tecniche più diverse, la pittura-pittura e la fotografia, il disegno e il plexiglas, creato ambienti e sculture. Le etichette è impossibile evitarle, ed è anche vero che probabilmente non avrei fatto certe cose se non ci fosse stata, ad esempio, la *body art*. Ma il problema per me non è mai stato tecnico, bensì di *dire* certe cose.

Interview with Felice Piemontese

Felice Piemontese: «The Bed» dates from 1963, while the Naples earthquake was in 1980. Why did you contribute this work to the *Terrae Motus* collection?

Gianni Pisani: «The Bed» embodies a Naples in all its impending sense of death and tragedy, that special kind of intimate relationship with death that has always been a part of each and every one of us. I could also say that there are *always* earthquakes in Naples, even when the ground doesn't shake! The theme of catastrophe which keeps philosophers busy is an old one, and fascinates me. This theme emerges in «The Bed».

F. P.: You have attributed the features of a watershed or a type of anchor-buoy of your artistic experience to «The Bed»; so let's talk about what happened before that, I mean, in your formative years.

G. P.: My early youth was spent in a small village, in a family situation, which had absolutely nothing to do with art. I liked painting and arrived at the Academy without having to overcome any backwater of previous artistic experiences. I had good teachers and didn't have to pass through the usual phase of paying homage to tradition. Let's say I jumped over the whole «Neapolitan» phase. My first loves were Picasso, Klee, Chagall, Bacon, and Burri.

F. D.: Let's speak again of «The Bed». Sanguineti, upon seeing this work, said that the key to its interpretation lay in its psychoanalytic aspects. He also made reference to children's fairy tales, «...those rather horrendous stories that only children seem to relish hearing».

G. P.: Indeed, this type of literature seems far more relevant to what 'Pop' objects or the early 'Body Art' works are about. In that work, I wanted to include many things: my childhood, my sexual awakening, my mother, pain, and everything that lies buried in my subconscious – the feeling that objects and life are slowly worn away. The *bed* was a kind of *relic*, as many of my other works.

F. P.: Besides the elements of religion and narcissism in your work, there is also the poetic and literary side, both of which resulted in my appreciation of your work.

G. P.: That's correct. It's important for me to narrate, focusing on myself (narcissism). I never intended to be only a painter and nothing else, but rather to be a kind of storyteller. It explains why, in all my years as an artist, I have used such diverse techniques including photography, drawing, environments, and sculpture.

84

85

86

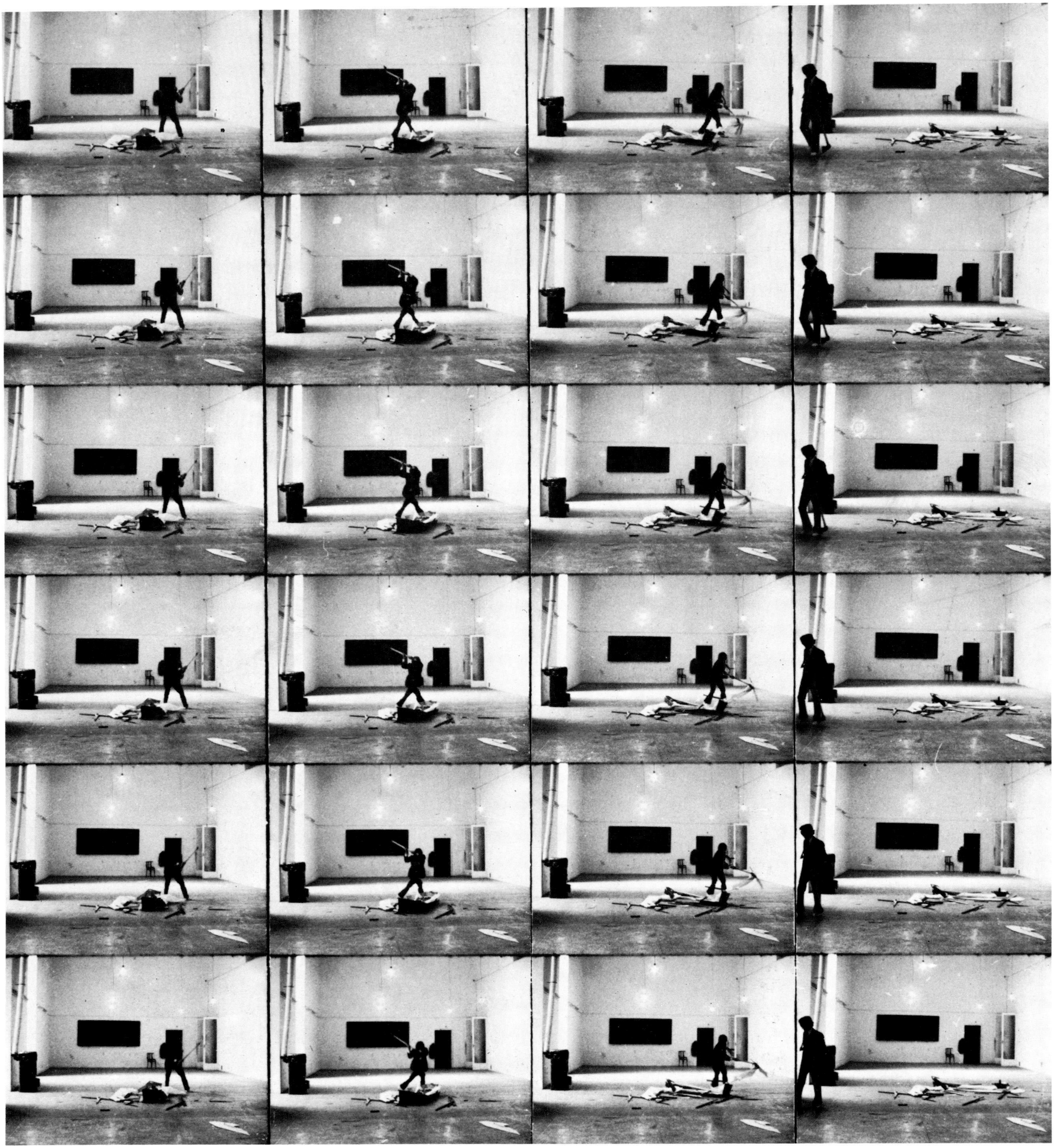

Michelangelo Pistoletto

Intervista con Sebastiano Vassalli

Sebastiano Vassalli: Immaginiamo di essere due personaggi di un dialogo del Leopardi, che so, Plotino e Porfirio oppure il venditore d'almanacchi e il «passeggere» che si decide a comprargli un almanacco soltanto dopo mezz'ora di discorsi. Parliamo di questa tua *Annunciazione* che è poi una *Annunciazione del terremoto*, fatta da un giovane in jeans a una signora in vestaglia... Io ne sono rimasto sorpreso. Tradizionalmente il tema dell'*Annunciazione* si sposa a eventi positivi...

Michelangelo Pistoletto: In natura nulla è negativo. Il concetto di negativo è un concetto artificiale, nostro: non ha un valore assoluto e non può essere applicato alla natura. Un albero colpito dal fulmine è soltanto un albero diverso da come era prima. È questo incessante rinnovamento il terremoto a cui io mi riferisco.

S. V.: Il nostro autore, che è anche il nostro primo scrittore moderno, ci insegna ad intendere la realtà e ad interpretare la storia basandoci sul contrasto anzi proprio sulla contrapposizione tra Ragione e Natura: due parole che lui scrive con l'iniziale maiuscola...

M. P.: Questo andava bene fino all'inizio degli anni Sessanta. I miei primi quadri specchianti esprimevano ancora una vittoria dell'oggettività su Narciso, cioè sull'individuo che non razionalizza se stesso; oppure, se preferisci, della razionalità sulle passioni. Oggi penso invece che si debba arrivare a comporre la razionalità con l'immaginazione; che la razionalità e l'immaginazione e l'elemento intermedio che le unisce debbano stringersi e intrecciarsi fra loro come tre fili di un'unica treccia...

S. V.: Sì, certamente, dici bene. Ma nel concreto della storia succedono invece i terremoti: quelli della Natura e quelli prodotti dall'uomo con ordigni e tecnologie che rappresentano uno sviluppo aberrante della Ragione... Per quanto pessimista, il nostro autore non avrebbe mai immaginato questa situazione in cui noi ora siamo venuti a trovarci...

M. P.: Perché continui a parlare di un autore? Noi non abbiamo autori: noi veniamo dopo. Dopo le teorie sulla morte dell'arte. Dopo l'obbligo di essere «assolutamente moderni». Dopo l'arte dell'obbligo...

Noi rappresentiamo – dobbiamo rappresentare – la moltiplicazione delle possibilità, la crescita delle prospettive. Perciò io non ho nulla contro la tecnologia, anzi sono favorevole alla tecnologia così come sono favorevole alla natura: alle mani, agli occhi... La natura e la tecnologia sono strumenti dell'uomo. Aver paura di un computer non ha più senso che aver paura di un cavallo.

S. V.: Ma noi, in questo dialogo, siamo personaggi... storici. Non possiamo esistere senza un autore che rappresenti in modo tangibile la cultura che ci ha prodotti, che ci ha costretti ad essere contemporanei di noi stessi cioè, irrimediabilmente, «moderni»...

M. P.: E chi lo dice? La mobilità dell'uomo è prodigiosa e l'arte non conosce situazioni bloccate; conosce solo situazioni di stallo dovute al formarsi di convinzioni errate, di dogmi... C'è, nell'arte, qualcosa di divino: la possibilità di allargare le prospettive della storia, di far lievitare la storia... Di superare l'insuperabile e di sormontare l'insormontabile. Perciò tutti ne hanno necessità e perciò molti, moltissimi stanno acquistando consapevolezza di questa necessità.

S. V.: E del terremoto che mi dici?

M. P.: Il terremoto è l'Italia, è l'effetto di ritorno che ora rende possibile, qui più che in altre parti del mondo, il superamento dei dogmi, l'uscita dai percorsi obbligati... Il terremoto è l'arte, per la forza di rinnovamento che l'arte ha in sé. Il terremoto siamo noi: dobbiamo essere noi, per forza...

Interview with Sebastiano Vassalli

Sebastiano Vassalli: Imagine that we're two characters in a work by Leopardi, let's say Plotino and Porfirio, or the almanac salesman and the passer-by who only decides to buy an almanac from him after bartering for half an hour. Let's talk about your work «Annunciation», which is really the «Annunciation of an Earthquake», depicting a young man in jeans and a woman in a dressing-gown. It surprised me a lot because the term 'annunciation' is traditionally connected with positive events.

Michelangelo Pistoletto: Nothing in nature is negative. Our concept of a negative event caused by nature is an artificial one. It has no absolute value whatsoever, nor can it be applied in this case. A tree that has been struck by lightning is just a tree which is different from the way it was before. It's this endless change that expresses the type of earthquake I'm talking about.

S. V.: Leopardi, who also happens to be our first modern writer, directs us to understand reality and interpret history by basing our studies on the contrast, or rather the opposition, between Reason and Nature, two words which he himself writes with capital letters...

M. P.: That was OK until the beginning of the Sixties. My first mirror pictures still expressed the victory of an objectivity over Narcissus. By that I mean an individual who is incapable of any rational control, or better still, the victory of rationality over passion. Today, on the contrary, I believe that one ought to be able to establish rationality by using one's imagination. Rationality, imagination and the intermediary that joins them together should tighten up and interweave with each other, just like three separate strands into one single braid.

S. V.: Yes, you're absolutely right. However, in real history, earthquakes take place, some caused by nature, others by man, through the use of technological devices which represent a sort of freak development of nature. In spite of being rather pessimistic, our author could never have imagined the situation we have come to find ourselves in.

M. P.: Why are you still going on about this author? There are no authors! We came after – after the theories on the «death of art», after all the pressures to be «totally modern», and after the art of obligation. We represent, – we've got no choice – a greater number of opportunities. That's why I've got nothing against technology. Nature and technology are man's tools. Fear of a computer is no different from being afraid of a horse.

S. V.: Nevertheless, in this conversation, we are playing the roles of 'historical' characters. We cannot exist without an author to tangibly portray the culture that produced us and forced us to be contemporary, I mean, irreparably «modern»...

M. P.: You don't have to *tell* me that! Man's ability to move is marvellous because it doesn't recognize attempts to block it. It only realizes stalled moments caused by mistaken beliefs and dogmas. There's something god-like about art: the possibility of broadening historical prospectives so that history itself expands. That's why everyone needs art and why more and more people are beginning to become aware of this need.

S. V.: And what have you got to say about earthquakes?

M. P.: The earthquake is Italy! It's what now makes it possible (here, now, more than anywhere else) to overcome dogma and reject obligations. The earthquake is art, in that power that art has to renew itself. The earthquake is ourselves. We have no alternative but to be ourselves!

87

88

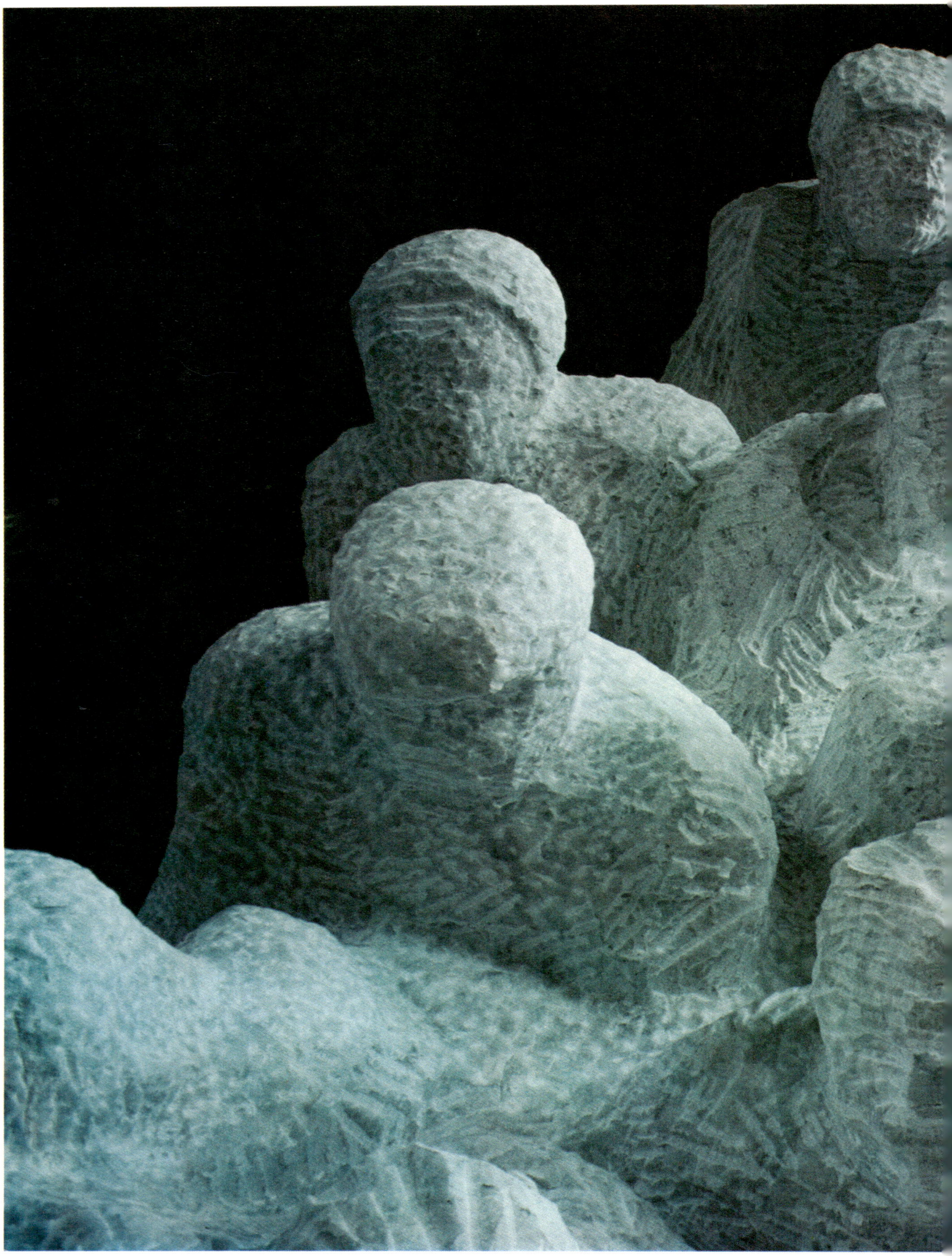

89

90

91

92

Gerhard Richter

Interview with Bruno Corà

Gerhard Richter: Everybody, including myself, is both terrified and fascinated by an earthquake, I mean, they can't resist the temptation of experiencing one. When Lisbon was struck by an earthquake, Voltaire made a public protest against it in the name of Reason! In a figurative sense, Voltaire's protest was reasonable because the fascination that an earthquake holds for each and every one of us, is in direct proportion with the subconscious forces at work deep inside us. These forces which possess an infernal, homicidal power which can provoke murders and wars, can only be held in check by the power of Reason.

Bruno Corà: Do you think it's possible to evoke or represent a specific event through the medium of a picture, or do you maintain that a picture can have no other subject but itself?

G. R.: Whichever way you look at it, specific events can be expressed through a picture.

B. C.: It seems to me that the earthquake theme parallels a constant feature in your life and work, a feature which corresponds to endless changes in the language of your painting and your predilection and open attitude towards movement. Assuming that this hypothesis is correct, could you tell me on what you base the variables in your work, keeping in mind these constant elements?

G. R.: Your theories on my work are correct, and I accept them. However, I have to say that the answer to your question lies in the question itself. It's crystal clear that for me, a constant is actually a continuous variable, and the sum total of these variables make up the constant nature of my work.

B. C.: In your opinion, what study of phenomena, in either ancient or modern art, had the effect of a cataclysm or total revolution in the language of art?

G. R.: As far as I'm concerned, there are no phenomena which could affect art like a cataclysm or total revolution. However, every good work of art is a step forward. On the one hand there exists a sort of artistic progress, while on the other hand, it could be possible to apply such a break.

B. C.: How can you reconcile and at the same time maintain the principle of *pleasure* which is present both in painting and the abnormal drama of an earthquake?

G. R.: That brings us back to the first reflections we made. The pleasure principle exists in relation to the ambiguity and ambivalence of the effects of an earthquake, something which I feel is part of me inasmuch as the forces of my subconscious have a sort of parallel relationship to seismic events.

B. C.: Is there any reason why you gave that particular title to the work you did for this occasion?

G. R.: Regarding the title, I called it «Static» after the name of Glenn Branca's band. The first time I heard the group Static at a concert in Düsseldorf, I realized a contradiction between the name of the group and the loud chaotic music I heard. That's when I gave the painting that title.

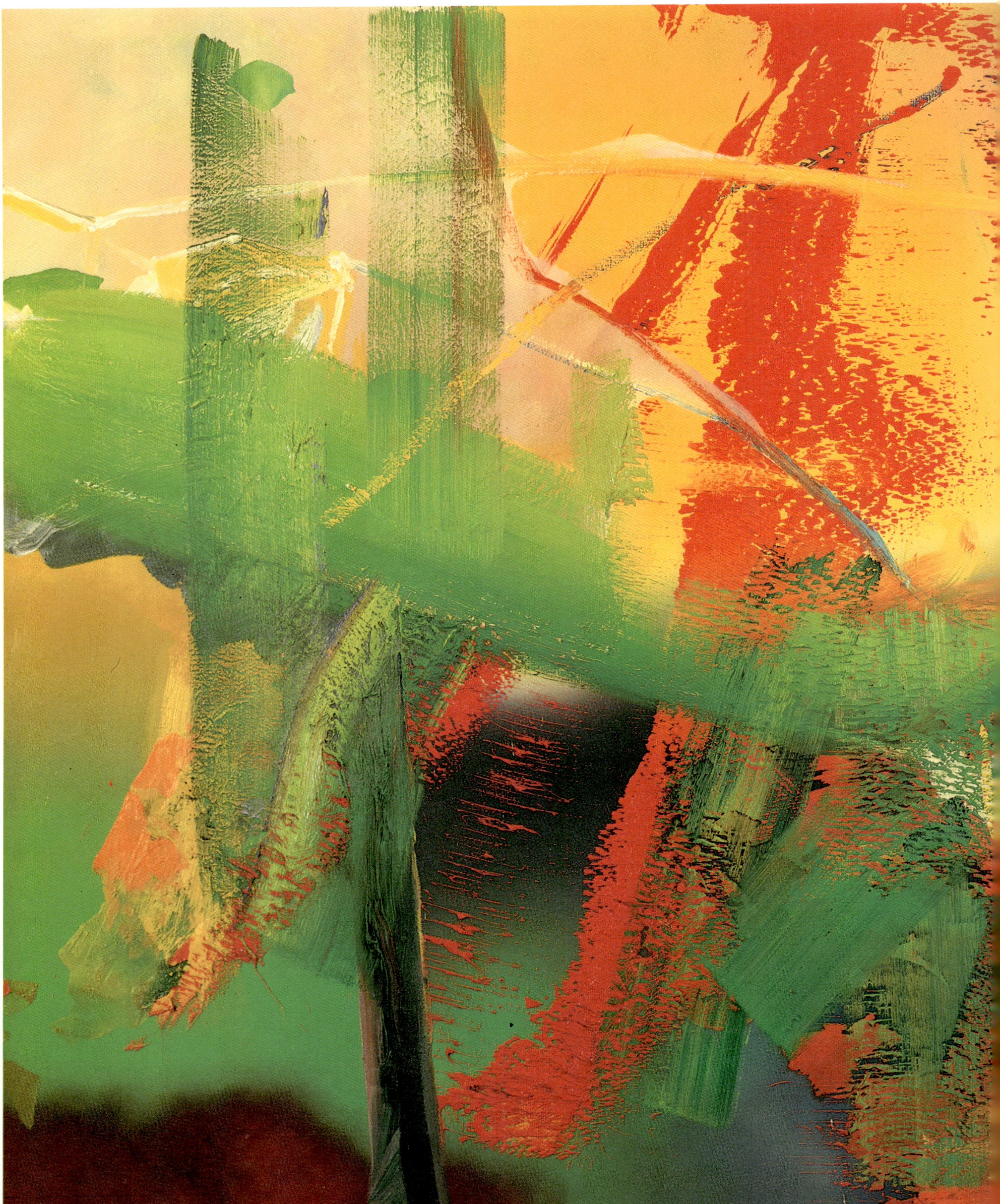

93

94

Julião Sarmento

Interview with Cerveira Pinto.

Cerveira Pinto: Apparently, the theme of a Neapolitan earthquake has a specific significance. This region certainly possesses very strong specific signs, in its local imagery.

Julião Sarmento: In spite of a certain complicity between the word and the fact, which unfortunately is very real in Italy, there still exists an immediate metaphorical potentiality. At least, as far as I am concerned, I am terrified of earthquakes. I associate the idea of an earthquake with that of sudden total disorganization and an uncontrollable destructive anguish and despair, which may lead one to very extreme decisions.

C. P.: The title of the project, strong on its own, is a sufficient motivation for an exhibition. But, the artist today is not a reporter nor should he/she have to deal with the issues of mass media. As a mere piece of news, an earthquake in Naples, Lisbon, or the Azores will have the same cultural importance as, for example, starvation in Africa or India, or torture in Latin America. Perhaps the fundamental symbolic dimension of the seismic concept is that it remains in people's consciousness: the precariousness of human history in confrontation with the irreversible march of natural history.

J. S.: On the other hand, the concept of *residue* interests me a great deal. One can notice it not only in my painting made for *Terrae Motus*, but also in my previous work. The linking-up of incomplete parts (sometimes semi-destroyed) into a fragile whole, illustrates (from stories, i.e. the history of painting) both a memory and a unity, which sometimes terrifies us, but which can lead us to suppose our own identity. This conjugation is closely connected with the idea of «earthquake». Our interior «earthquake», the «earthquakes» of a suddenly denied passion, the imponderability and impotence of someone in the face of such objectivity, nevertheless are fascinating.

C. P.: I think that there are many symptoms today which suggest that things can very suddenly change, and for which nobody will be responsible. There is today, a notion of the loss of our capacity for control over certain situations. This loss, or rather the transference of that control over the norms of existence, to newer cybernetic systems of the mechanical-electronic variety, has brought about a parallel world – the industrial and post-industrial production of increasingly more «abstract» relations – machines which «think». This represents a profound existential mutation. The notion of «loss of control» provokes tremors in psychological order of human behavior, quite similar to the seismic accidents which stir populations and culture within its area of catastrophe. Similar to the constant threat of nuclear annihilation, the earthquake is objective, impersonal, and *statistical*!

J. S.: What interests me most about the earthquake metaphor is the idea of the *shake,* unexpected and uncontrollable. This shake, as something you *feel,* may have incredibly different origins. The rediscovery of a work of art, a certain forgotten author, results in a true transformation of our *personal* history. The idea of intimacy and culture as a web where very personal events take place, and a certain escalation of obsession and fear, are certainly more relevant in my work than, let's say, a more theoretical perception of such given themes. The idea of a structural accident, in this case the destruction and recovery of the cultural species, is a very modern one. But, if the earth keeps shaking under our feet, and our lives keep falling apart, the uncontrollable urge towards death will manifest itself as the ultimate creative act.

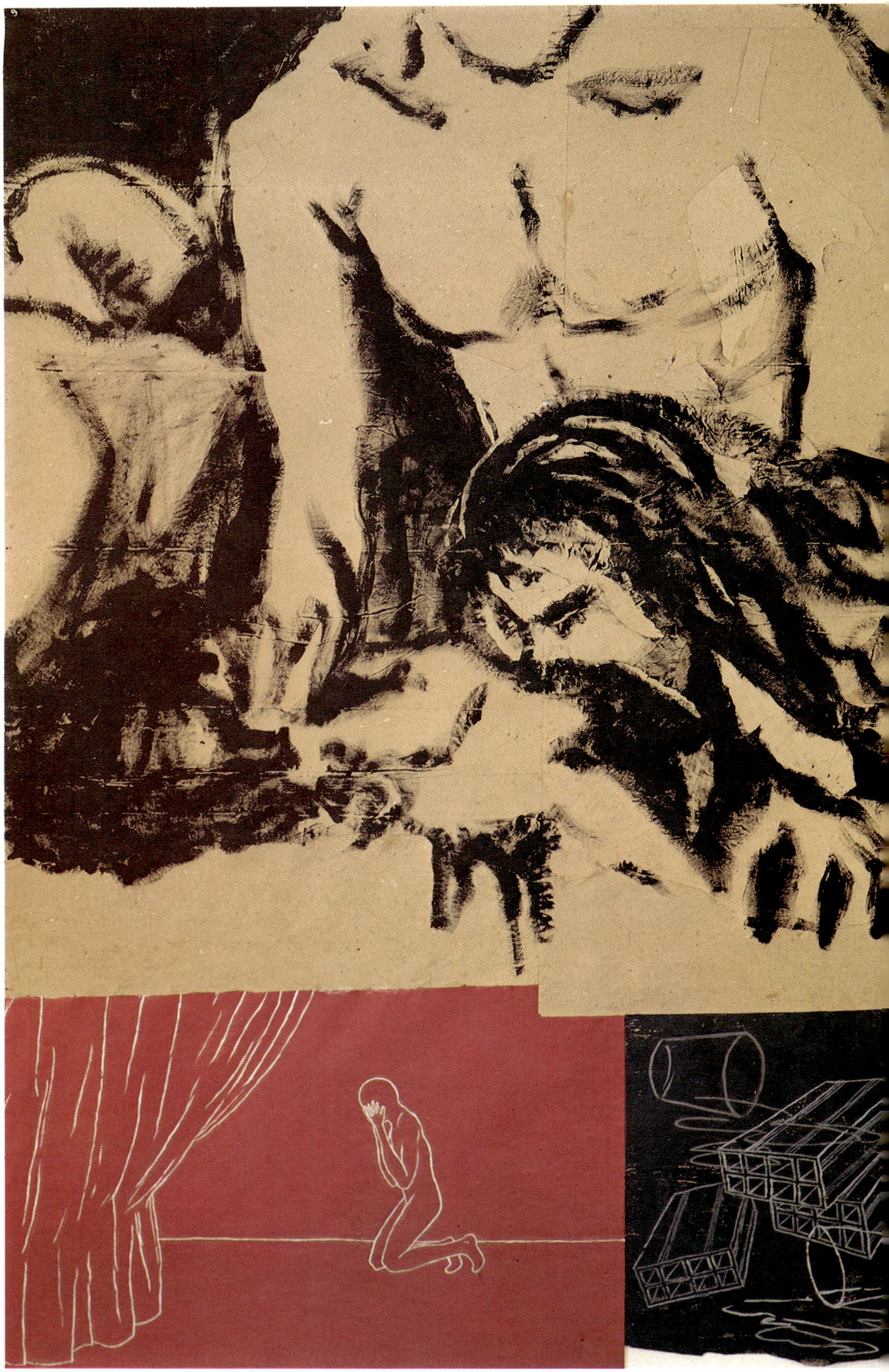

95

À NOITE CANSA-ME OS OLHOS. É ENTÃO CHE-
GADA A HORA DA DULCÍSSIMA VIOLÊNCIA.

NOITES BRANCAS

Julian Schnabel

Interview with Diego Cortez

Diego Cortez: Do you see *Terrae Motus* as a memorial or an anti-memorial?

Julian Schnabel: I don't see it as a memorial. My interest is in the notion of building a museum or collection of art in Naples. Mass destruction does have a peculiar relationship with art. The thought of nuclear war makes you wonder at which point culture has meaning. Of course, if there are no people to look at art, that's one consideration. But, there might be two people left. In ten-thousand years, they'll dig up some of this stuff, and these could be the threads of what life was like at this point in time. Destruction is a key to forming something new. To build something or to destroy something are linked together in the most integral way. Many of my paintings look as if they have been broken up or that they are fragments of something. In particular, the Mexican pot paintings suggest an earthquake – lava flowing through a mountain village – pots frozen in lava, fossilized. There's this tremendous psychological drama; a violence of ground. That's the underpinning of many of my paintings. To look at them, there is a sense of a bomb having exploded. Disruptive acts represent something alive. In an earthquake, there are forces under the earth which are volatile, something conditional.

D. C.: I feel there has been something violent in the nature with which you have presented your work.

J. S.: I never calculated any stance. It was always more a state of turmoil. As for real violence in the world, there's always the potential at any moment. It's just a second away.

D. C.: Do you see yourself as passive, pacifist, antagonistic, protective? What kind of role have you assumed with regard to...

J. S.: I'm not passive. By making these paintings, I do believe I *protect* a certain clarity. Even if the truth shifts all the time, they lean towards trying to describe a 'true' state. In that way, I'm active. One gets a sense of a universal violence in the work. Sometimes, the reality of the materials and the physical presence of the paintings make the receiver feel a sense of *oppression*. Not only looking at something, but something leaning over on them, overcoming them. Rothko said he made his paintings large so he could step into them and be intimate with them. These paintings step off the wall onto the viewer, not only physically, but also in their ideational quality. There is something which leaks out from the works and makes the receiver consider more than the aesthetic judgments of color and form. They can consider things which they didn't think were intrinsic to painting before.

D. C.: Did you identify with the Punk aesthetic and its symbology of oppression?

J. S.: Punk was nihilistic. I think these paintings are essentially optimistic.

D. C.: I don't think Punk was only nihilistic. While apparently the Punk metaphor was death or nihilism, it was also an attempt to awaken a cultural stagnancy of the Seventies.

J. S.: There was not much of a moral solution presented. They were just saying, «Everything is fucked». «We are really fucked-up». «We are going to show how fucked-up we can be and how fucked-up the world is». Now, maybe that is a kind of moral proposal. Some used this expression to say something, and they were moral. But, there were others who only understood it as a style, and it was an excuse. My paintings seem to portray something which might seem horrible or horrifying. But, without seeming pompous, I feel they are more about gaining a quality of understanding about these complex, often horrifying things.

D. C.: Let's talk about «Veronica's Veil» and what it means to you.

J. S.: It doesn't mean a damn thing to me.

J. S.: Per me non significa un bel niente.

D. C.: Cos'è quella sfera dorata nella parte superiore destra...

J. S.: Rialziamo il quadro e forse riesco a farmi un'idea. OK. Stavo sfogliando un libro e ho trovato una piccola foto in bianco e nero di un quadro. Era di uno di questi pittori espressionisti americani, e l'ho usato come modello. Mentre ci lavoravo, è diventato più grande ed è cambiato. Quell'oggetto a cui ti rifervi sembra un portagioie con una piccola croce sopra. Qualcosa in cui mettere oggetti religiosi.

D. C.: L'ostensorio?

J. S.: Osserva il corpo del Cristo che viene fuori dal fondo del quadro. Ho iniziato il quadro incollando pezzi di cuoio. Erano come piccoli punti. Un'illustrazione dell'esperienza di ricevere una botta in testa, come in un fumetto. Mi piace l'aspetto simpatetico dell'immagine indicato dalla direzione della testa della Veronica e dal modo in cui le sue mani circondano la testa del Cristo. C'è qualcosa di molto commovente. Tutto quel verde, e tutta quest'altra roba attorno alla testa, è molto dirompente. Quando guardo i miei quadri, sono come qualsiasi altro osservatore. Mi ricordano un sogno che ho fatto una volta.

D. C.: I quadri in cui usi il velluto sono più strettamente legati agli stati di sogno? Come dipingere nelle tenebre? Ti vedo come se stessi galleggiando nel cosmo, dipingendo il cielo.

J. S.: È come dipingere nello spazio. Il colore diventa così vero da essere irreale. Non hai mai fatto quel sogno in cui c'è un bambino con l'influenza, con la febbre alta, in cui gli oggetti crescono sempre di più fino a che ti svegli? In questi quadri, quasi non m'importa delle immagini. Quello a cui bado di più è la densità del modo in cui si coagulano, le giustapposizioni delle forme e la delicatezza con cui vi si «appendono», come su un attaccapanni. Un intero quadro può essere tenuto insieme da una sola piccola curva. Tutti i miei quadri sono come un andare in giro in punta di piedi nel bel mezzo di un tremendo uragano.

D. C.: Tutti?

J. S.: Si, direi di si. Anche i quadri che hanno molta attività interna non sono il semplice risultato del mettere del colore dappertutto e di realizzare qualcosa di «grande» e movimentato. C'è una qualità mentale che riguarda il modo di guardarli, ponendosi *dal di fuori*. Non sto cercando di dimostrare la mia virilità. Tento di creare una situazione per cui si può *osservare* qualcosa di efficace, piena di contraddizioni, possibilmente molto semplice.

D. C.: Ti ricordi il momento in cui hai imbrattato il viso della Veronica?

J. S.: Si per quasi tre giorni sono stato sul punto di buttare questo quadro. Non riuscivo a sopportare il fatto di averci messo quel verde chiaro. Mi sembrava tutto uno schifo. Completamente. I colori chiari gli avevano dato quell'aspetto *kitsch*.

D. C.: Trovo il viso del Cristo molto *kitsch*. Mi ricorda Bernard Buffet, che ammiro in un certo senso. Ma questo viso potrebbe essere anche Beckmann o Heckel.

D. C.: Perché hai scelto questo quadro per «Terrae Motus»?

J. S.: Questo quadro, in particolare, assomiglia a qualcuno che è stato ferito e di cui ci si sta prendendo cura. Potrebbe anche vagamente essere intitolato «Cristo nel Golfo di Napoli». Benché, non fosse quella l'intenzione. Quantunque il quadro sia molto esplicativo, io non volevo che fosse come un fumetto.

D. C.: L'atto di imbrattare il viso della Veronica è drammatico ed inaspettato per l'osservatore fervente religioso, vero?

J. S.: Si, ma si pensi anche al velo di Veronica: era un *imprint* del volto del Cristo. Grattare via il viso è anche un modo di imprimere il suo volto *nel* quadro. Non è soltanto dipinto sul quadro, è dipinto *dentro*.

D. C.: What is that golden orb in the upper right...

J. S.: Let's stand the painting up and maybe I can get more of an idea. OK. I was going through a book and I found a little black and white image of a painting. It was by one of these American expressionist painters, and I used it as a model. As I worked on it, it got larger and changed. That object you mentioned looks like a jewelry box with a little cross on it. Something which you might put religious objects in.

D. C.: The ostensorio?

J. S.: Look at Christ's body coming out of the bottom of the painting. I started the painting by gluing down the pieces of cowhide. They were like little dots. An illustration of the experience of getting knocked over the head, like in a cartoon. I like the sympathetic look of the image indicated by the direction of Veronica's head and the way her hands go around Christ's head. There's something very touching about that. All that green and all this other stuff around the head is very disruptive. When I look at my paintings, I'm just like any other viewer. It reminds me of a dream I once had.

D. C.: Are your velvet paintings more specifically related to dream states? As in painting in the night? I see you as floating in the cosmos, sky-painting.

J. S.: It is like painting in space. Color becomes so real, that it becomes unreal. Haven't you had the kind of dream as a kid with flu, with a high temperature, where things grow and grow until you awaken? In these paintings, the images almost don't matter to me. What I notice more is the density of how they coagulate, and the juxtapositions of shapes and how delicately they 'hang' there, like on a clothes hanger. A whole painting can be glued together by one little curve. All my paintings are like tip-toeing around in the middle of a horrific storm.

D. C.: All of your work?

J. S.: Yes, I'd say all of it. Even the paintings which have a lot of activity going on in them are not a result of just putting paint everywhere and making something 'big' and gestural. There's this mental quality about the viewing of them, from *outside* of them. I'm not trying just to prove how virile I am. I try to create a situation whereby one can *observe* something powerful, full of contradiction, possibly very quiet.

D. C.: Do you remember the moment you smeared Veronica's face?

J. S.: Yes, I almost threw this painting out for about three days. I couldn't bear that I put that bright green in it. It all looked like junk to me. Completely. The bright colors made it look kitchy.

D. C.: I find the face of Christ very kitchy. It reminds me of Bernard Buffet, whom I admire in a strange way. But, this face could be Beckmann or Heckel, as well.

D. C.: Why did you choose this painting for *Terrae Motus*?

J. S.: This painting, in particular, looks like someone who has been hurt in some way, and is being taken care of. It could also loosely be titled, «Christ In the Bay of Naples». Although, that wasn't the intention. Though the painting is very illustrative, I didn't want it to be like a cartoon.

D. C.: The act of smearing Veronica's face is dramatic and unexpected to the devout religious viewer, is it not?

J. S.: Yes, but if you also think of Veronica's veil, it was an *imprint* of Christ's face. Well, the scraping off of her face is also an act of imprinting her face *into* the painting. It's not only painted on there, it's *in* there.

97

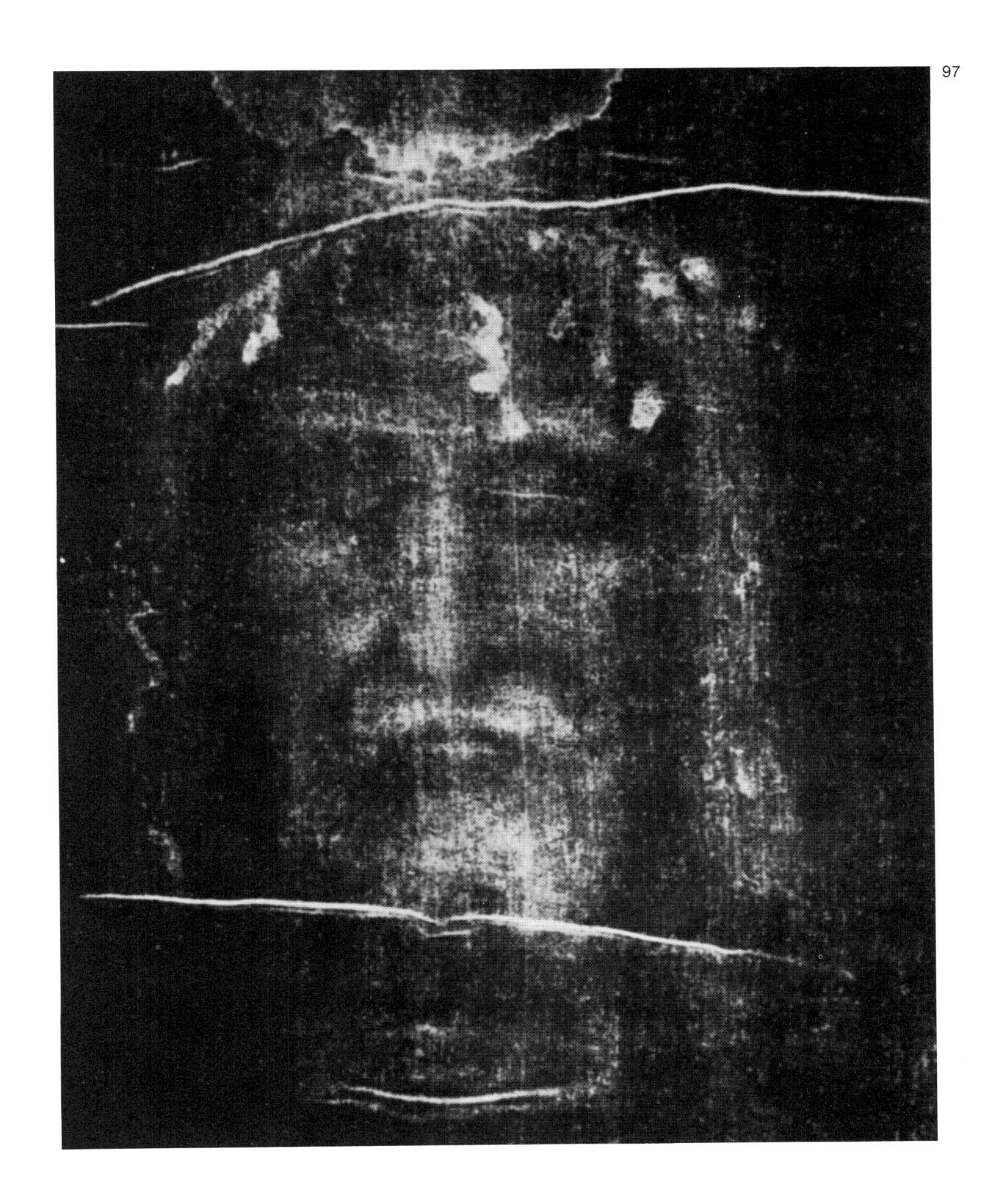

156

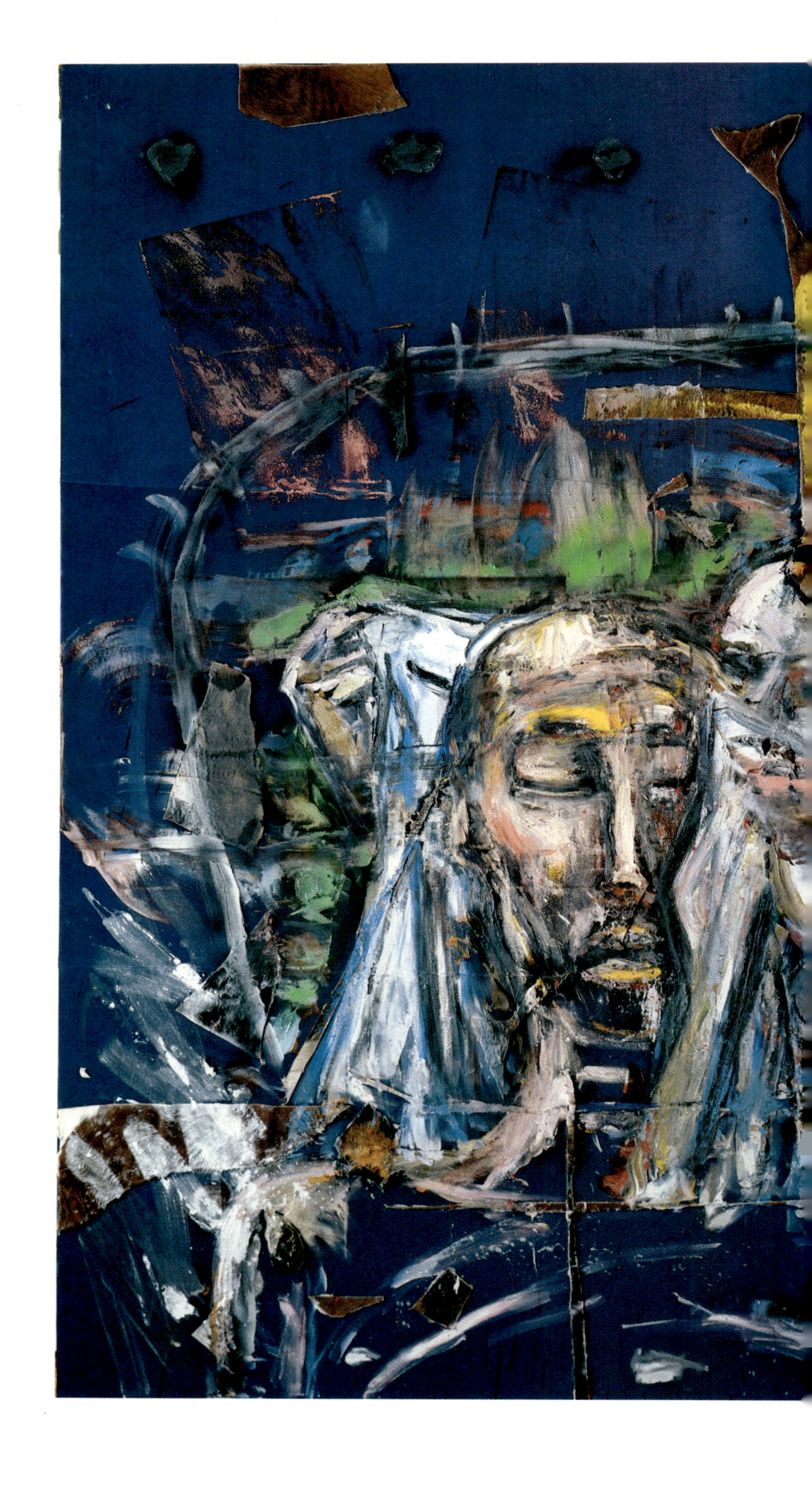

98

99

100

101

Ernesto Tatafiore

Dialogo con Fabrizia Ramondino

Ernesto Tatafiore: Sapevamo l'uno dell'altra, ma non ci conoscevamo personalmente. Poiché questa mostra si chiama *Terrae Motus*, prima che tu inizi a farmi domande, voglio chiederti come hai vissuto il terremoto.

Fabrizia Ramondino: Come il culmine di un dramma collettivo e personale, il cui primo atto era cominciato molto tempo prima. Quando, aggrappata al muro della terrazza per non cadere, ho visto il campanile di San Lorenzo, le cupole e i palazzi oscillare paurosamente, mi pareva che ciò avvenisse contro una quinta di teatro, lasciata lì dalla scena precedente: nel mese di novembre la Cavani ha girato nel mio cortile e dal mio tetto alcune scene della 'Pelle', fra cui l'eruzione del Vesuvio del '44; per quasi una settimana ho visto dal mio letto sollevarsi le fiamme dell'incendio della Mobil Oil. Contro queste due quinte si svolgeva il dramma e io recitavo dentro di me questa frase: – O c'è questa cosa (il terremoto) o ci sono io – Mia figlia allora adolescente lo ha vissuto un po' come un gioco, ma 'Jeu' nel Medio Evo significava rappresentazione drammatica... E tu come lo hai vissuto?

E. T.: Ero alla Torre e sono uscito di casa perché mia moglie ha detto: – È il terremoto! – Io avevo pensato a un trattore ancora in funzione. Le donne hanno più senso della realtà. Dal giardino abbiamo visto la Torre che si muoveva. Ho provato un'impressione di gioco, pareva di essere nel film 'San Francisco'. Ho avuto poi occasione di incontrare lo psicanalista Donald Meltzer e mi ha detto che, anni fa, durante un terremoto in California ha provato piacere. Credo che questo senso di gioco, di piacere abbia a che fare con la sensazione che la terra è viva, ha sue pulsazioni; è un modo per metterci in contatto con esperienze e strati arcaici della nostra personalità. Noi napoletani stiamo forse per assistere a un evento straordinario, alla nascita nella zona flegrea di una nuova isola o montagna, come accadde nel '500. Provo verso questo evento la stessa curiosità illuministica che spinse Plinio il Vecchio a Pompei. Sai anche che uno dei miei temi è la Rivoluzione Francese; nel terremoto ho sperimentato lo stesso senso di capovolgimento, di catastrofe, di coinvolgimento, non solo intellettuale, anche sensuale.

F. R.: Sono contenta di parlare con te perché mi pare che abbiamo avuto percorsi comuni. Stranamente le nostre vite si sono incrociate. Abiti nella stessa Torre dove abitai in passato, e proprio nella antica stalla ora ristrutturata dove una volta facevo scuola ai figli dei contadini; la maggiore attività era disegnare, dipingere, modellare la creta, fare collages – tu pure usi carte preziose per i tuoi disegni e vi incolli intorno strisce colorate alla maniera orientale... – Quando fu pubblicato il mio primo romanzo, «Il Mattino» scelse dei tuoi disegni per illustrarne un brano e la recensione. Oggi i curatori del catalogo chiamano me per questo colloquio; la mia scrittura si incrocia con la tua pittura. Abbiamo avuto anche questo in comune: l'impegno politico, l'interesse per la psicanalisi, anche se io non ne ho fatto come te una professione, e quello per la nuova psichiatria. Infine anche tu negli ultimi tempi, come me, sei arrivato al Vesuvio. C'è un tuo quadro che mi ha colpita molto nella tua ultima mostra: raffigura un violinista che suona contro lo sfondo del Vesuvio e l'archetto coincide con la pendice del monte di colore rosso; nell'ultimo capitolo di un romanzo che ho appena finito accade qualcosa del genere al protagonista. Vorrei chiederti quindi attraverso quale percorso dai 'Panni' del '69 sei arrivato al quadro «Paga Paganini».

E. T.: Forse quei 'Panni', recuperati attraverso la memoria di un antico gioco infantile – correre e nascondersi fra i panni stesi sulle terrazze –, rappresentavano allora un'apertura verso l'esterno, un portare all'interno della galleria l'esterno, come Basaglia faceva con il manicomio. Da allora il percorso è piuttosto lungo, attraverso queste ultime immagini passa una cultura meno personale, sovraindividuale. L'immagine di Robespierre che ricorre in tante mie opere rappresenta la rottura di uno schema chiuso, come poteva essere quello

Interview with Fabrizia Ramondino.

Ernesto Tatafiore: We've heard of each other, but never been personally aquainted. As this exhibition is called *Terrae Motus*, before we start, I would like to ask you what was your experience of the earthquake.

Fabrizia Ramondino: It was the culmination of both a collective and personal drama, the first act of which had already started sometime before. As I was clinging terrified to the terrace wall, to prevent my falling, I saw the bell tower of St. Lorenzo, the domes and building shaking; it all seemed like a theatrical set that had remained from a previous scene. In November, Cavani had shot some scenes for «La Pelle» (the Skin) in the courtyard and roof of my apartment building, one of which was the eruption of the Vesuvius in 1944: then there was the scene that from my bed I saw the flames from the Mobil Oil fire disaster leaping into the air for almost a week. Balanced against these two scenes the real drama took place, and I repeated the phrase to myself, «It's either the earthquake, or me!» What was it like for you?

E. T.: I was in the tower, where I live, and got out of the house because my wife shouted it was an earthquake. I had thought it was a tractor going by. Women have a more marked sense of reality. From the garden, we could see the tower moving. I felt as if it were a game; it seemed like the film about the San Francisco earthquake. Later, I met psychoanalyst Donald Meltzer and he told me years ago, during an earthquake, he had a sensation of a pleasure. I believe this derives from the sensation that the earthquake is alive with vibrations. One gets in contact with archaic experience and the layers of our personality. We Neapolitans are about to witness an extraordinary event, the birth of a new mountain or island in the area of the Phlegrean Fields, as in the Sixteenth Century. I feel propelled by the same sense of curiosity as Plinius the Elder did about Pompeii. One of the central themes of my work is the French Revolution. During the earthquake, I experienced body feelings of change, catastrophe and involvement that were not just intellectual but sensual.

F. R.: It seems as if we have both tread the same path. It's strange our paths have never crossed. You're living in the same tower where I used to live, in the old stable where I taught the farmer's children. Mostly, we drew, painted, modelled clay and made collages – you too uses precious kinds of paper for your drawings and stuck colored strips all around them like the Orientals. When my first novel was published, "Il Mattino" chose your work to illustrate a review and exerpt from my book. My writing crosses the path of your painting. We have other things in common: political commitment, an interest in psychoanalysis and new forms of psychiatry. Recently, you arrived at the Vesuvius, as did I. One painting that really struck me shows a violinist against the background of the Vesuvius. His bow strikes a line with the red outline of the mountain side. Something similar happens to the main character in the last chapter of my new novel. You represent a completely Mediterranean style of painting. Apart from Vesuvius and Masaniello, your mythological subjects are the Minotaur, Ulysses, Ithaca, and a certain brush-stroke which sometimes evokes the figures on Greek vases. What were the decisive factors in this return to Mediterranean themes? Your cultural mellowing, your experiences during the Earthquake, or the commission from Lucio Amelio?

E. T.: The answer lies in that phrase I quoted when commenting on my painting «Ithaca». «I touch many lands / flowers and stones / and I know / I always go forward with the idea that I'll come back». Whenever I do a show outside, I feel the need to get back to this magmatic situation, this co-existence of life and death as you can see at Ercolano and Pompei. I went up the volcano Teide in Tenerife, and that excursion stimulated me to go back up Vesuvius and visit Monte Nuovo, which is not only a mountain, but also a volcano that was born in just a few days. I went through periods of great depth, just as oth-

della Francia prerivoluzionaria. Il tema del Vesuvio significa per me riportare all'interno dell'uomo questa montagna che fuma, l'allusione a un'energia contenuta in noi che ha bisogno di sfogo.

F. R.: In effetti da temi per così dire cosmopoliti sei passato a una pittura tutta mediterranea; a parte i Vesuvi e i Masaniello, vi sono i tuoi soggetti mitologici, il minotauro, Ulisse, Itaca, e un tratto che a volte ricorda le figure su vasi greci. Che cosa ha giocato in questo ritorno a temi mediterranei? Una tua maturazione culturale, l'esperienza del terremoto, la committenza di Lucio Amelio?

E. T.: La risposta sta in quella frase che ho citato a commento del mio quadro 'Itaca': – Tocco molte terre / e fiori e pietre; / e conosco – / vado sempre con l'idea di tornare –. Ogni volta che faccio una mostra fuori, sento l'esigenza di tornare qui, in questa situazione magmatica, in questa contemporaneità di vita e di morte, come si vede a Ercolano e Pompei. Sono stato sul vulcano Teide a Tenerife e questa escursione mi ha stimolato a tornare sul Vesuvio e a visitare il Monte Nuovo, che non è un monte, ma un vulcano nato in pochi giorni. Sono percorsi molto profondi, che coincidono con quelli di altri, ad esempio il tuo o quello di Lucio Amelio.

F. R.: Sì, nella nostra città si verificano strane coincidenze. Ho visto un documentario su Napoli, viene intervistato Gerardo Marotta, il fondatore dell'Istituto di Studi Filosofici, che a un certo punto sostiene che Napoli non risorgerà fin quando non saranno vendicati i martiri della rivoluzione partenopea del 1799. È un suo chiodo fisso. E uno dei tuoi temi quasi maniacali è Massimiliano Robespierre. Perché la Rivoluzione Francese è una tua lucidissima ossessione?

E. T.: In fondo siamo tutti figli dell'Illuminismo, quindi di questa possibilità di rivolgimento catastrofico della realtà. Un cambiamento sostanziale è sempre una catastrofe, che poi genera nuovi frutti. È sintomatico che la lava del Vesuvio renda la terra così fertile alle sue pendici. Ancora oggi la rivoluzione francese è per noi fonte di pensiero e di utopia. Robespierre rappresenta per me il punto centrale di questa capacità di cambiamento, almeno in senso utopico. Perciò la Virtù o il Terrore, la Libertà o la Morte. L'immagine usuale di Robespierre è sovrumana, io ho cercato invece di coglierne gli aspetti umani e ho scritto a commento di un mio quadro: «Caro Maximilien, ti hanno sempre disegnato come un pezzo di ferro, ma quanti pensieri teneri e delicati hanno reso leggera la tua testa! – Il Robespierre di Waida è raffigurato come un burattino, ma al tempo stesso dice una cosa profonda: che nella rivoluzione nessuno può risultare vincitore, il magma travolge tutti, solo dopo molti anni se ne può vedere il risultato. Solo dopo molti anni si sono visti i risultati della Rivoluzione Francese. Forse fra duecento anni tutti parleranno bene della Rivoluzione russa.

F. R.: A commento di un tuo quadro recente hai scritto: «L'accoglimento è una qualità femminile – una qualità *rara* che genera l'arte». E a commento di una tua opera del '75 'Vita del poeta' hai scritto: «Il tentativo del poeta di rendersi invisibile; seduto in mezzo agli altri d'un tratto vola via. Per questo in galleria la gente ci finiva sopra o la spostava inavvertitamente». C'è in queste due enunciazioni della tua teoria estetica una dialettica tra presenza (l'attenzione, l'accogliere) e assenza (il volare via). Parlamene più estesamente.

E. T.: Penso che per l'artista, sia esso maschio o femmina, è fondamentale la capacità di accogliere dentro di sé gli stimoli, che accendono in loro l'emozione e che essi ci restituiscono sotto forma di fumo. L'arte è fumo a causa della sua apparenza particolare, simile a quella del sogno: vera, concreta, ma anche fragile, deperibile, si perde come il fumo, si può ritrovare poi solo in frammenti anonimi. Bisogna poi selezionare gli stimoli, mantenere le distanze, come dice

ers did; you and Lucio for instance.

F. R.: Yes, strange coincidences take place in this city of ours. I saw a documentary on Naples where there was an interview with Gerardo Marotta, the founder of the Institute of Philosophical Studies. At a certain point in the program he maintained that Naples would not rise again until the martyrs of the Neapolitan Revolution had been avenged. He's always going on about that! One of your themes is Maximilian Robespierre. Why is the French Revolution one of your extremely lucid obsessions?

E. T.: Deep down we're all children of «The Enlightenment»; hence my use of this realistic catastrophic reference. Substantial change is a always catastrophe which later bears fruit. It's symptomatic that the lava from Vesuvius makes the earth on its slopes so fertile. Even today the French Revolution is a source of Utopian thought for us. For me, Robespierre represents the central factor in this capacity for change, at least in the Utopian sense of the word. That's why such maxims as «Virtue or Terror, Liberty or Death» exist. The usual image of Robespierre is that of a Superman, but I have tried instead to capture his human aspect by writing as a comment to one of my pictures: «Dear Maximilian, you've always been portrayed as a rod of iron, but how many tender delicate thoughts made that head of yours so gentle?» Weyda's Robespierre is depicted as a puppet, but at the same time it conveys something very profound; namely, that in a revolution, nobody can emerge as a victor since the magma overcomes everyone, so that it's not until years later that you can make out any effects of it. Only after many years was the outcome of the French Revolution realized. Maybe in two hundred years' time everyone will speak well of the Russian Revolution.

F. R.: As a comment to one of your recent pictures you wrote, «The art of absorbing something inside yourself is a female quality – a rare quality which generates Art»; and, commenting on one of your '75 works, The Poet's Life, you wrote, «The Poet's attempt to make himself invisible, when, as he is sitting with other people, he flies away for a while; that's why it was overlooked or accidentally moved in the gallery». In these two statements of your aesthetic theory lies the dialectical debate between Presence (attention and absorption) and Absence (flying away). Do you think you could expand on that a little?

E. T.: For an artist, male or female, it's fundamentally a question of being able to absorb the symbols which burn with emotion and are manifested for us in the form of smoke. Art is smoke because of its particular dreamlike nature; true and concrete, yet fragile and perishable, it drifts away like smoke, and can only be found in anonymous fragments. So then you have to select the stimuli and maintain the distances. As Kavafis says, you mustn't «Ruin Life / by dragging it around at the mercy of the senseless daily game of meetings / and invitations until you turn it into a tedious stranger». Therefore an artist must also stand on the other side of life. If he doesn't, the stimuli are neither nourishing nor able to become emotions. That's why other people think he's strange.

F. R.: I find your female nudes endowed with great purity and beauty; they remind me of Japanese Art, on the one hand, and Matisse on the other, although the latter spiritualised the nude too much. The eroticism in your nudes is oriental, whereas here in Italy, women are seen in terms of either sex or personality. Standing before these nudes of yours is your disturbing Minotaur, who is not a beast but a very masculine man; in fact you wrote the comment, «Simo tells Marco the story of the Minotaur / – a mother telling a child / gentle words and the marvels / – in that way even the wildest beast becomes docile and tender». Could you tell me about your conception of these two universes, the female one and the male one?

E. T.: I find a phrase of Leonardo da Vinci very interesting: «the painter

Kavafis non bisogna «sciupare la vita, / portandola in giro in balia del quotidiano gioco balordo degli incontri / e degli inviti, / fino a farne una stucchevole estranea». L'artista quindi deve stare anche dall'altra parte della vita, sennò gli stimoli non sono nutrienti, non possono diventare emozione. Perciò gli altri lo considerano strano.

F. R.: Trovo di grande purezza e bellezza i tuoi nudi femminili, mi ricordano da un lato l'arte giapponese, dall'altro Matisse. Matisse però spiritualizzava troppo il nudo. L'erotismo dei tuoi nudi è orientale, da noi invece la donna è vista o come sesso o come persona. A cospetto di questi tuoi nudi c'è il tuo inquietante Minotauro, che non è una bestia ma un uomo molto maschio e scrivi a commento: «Simo racconta del minotauro a Marco – / una madre e un bambino – / parole leggere e meraviglia – / così anche la bestia più feroce diventa tenera e gentile –.» Parlami della tua concezione di questi due universi, quello femminile e quello maschile.

E. T.: Mi sembra molto interessante la frase di Leonardo: «Il pittore pinge se stesso». Indica un rimando fra la femminilità interiore e quella esterna. Per me l'immagine femminile è così carica di Eros per la sua capacità di accoglimento; mi affascina la capacità di fecondazione, di fare un figlio, che ha che fare con il fare artistico. L'artista è come una donna che mette dentro degli stimoli e genera questo fumo che è l'arte. Quando raffiguro due donne vicine è come se volessi raddoppiare, potenziare questa capacità di accoglimento. L'immagine del Minotauro esprime la capacità della bestia di accogliere la tenerezza. Non credo che il maschile sia una qualità necessaria per l'arte, anche se statisticamente vi sono più artisti maschi che femmine.

paints himself», as it demonstrates a backreference to the internal and external form of femininity. In my opinion, the female image is so full of eroticism on account of a woman's capacity to take things into herself. I'm fascinated by her capacity to conceive and give birth to a child, something which has a lot in common with giving birth to Art. An artist is like a woman who absorbs these stimuli and generates this smoke that is the embodiment of Art. When I depict two women close together, it's as if I wanted to double-charge this ability. The image of the Minotaur expresses the beast's ability to receive tenderness. Masculinity is not a requisite of Art, even though there are statistically more male artists than female.

164

23 NOVEMBRE 1980

TERRAE MOTUS NEAPOLITANUS

TERRAEMOTUS NEAPOLITANUS

105

Cy Twombly

...perché dà crollo il suolo... (Alceo) di Michele Bonuomo

I segni della pittura di Cy Twombly si addensano frenetici sulla carta – supporto privilegiato – ed il colore è già tutto presente nelle sue fibre. Le tracce che lascia sono morbide e violente, dense e rarefatte: verosimili riflessi di omologhi stati d'animo. Tra stato d'animo e supporto v'è un'osmosi profonda; in realtà Twombly non aggiunge niente che non sia già tutto presente, e la carta diventa una sorta di garza che in trasparenza evidenzia lacerazioni, ferite, orgasmi e forme. Twombly, quasi un antico sacerdote, impone le mani sulla carta e crea il sortilegio: il colore si ammatassa, o si dispiega pigro e sensuale; si contrae e si allarga con gli stessi scatti e con le stesse pause di una materia viva e pulsante. La vitalità della materia è a sua volta accelerata dal gesto dell'artista che – all'apparenza – si mostra casuale sconcertante e privo di piacevoli ammiccamenti. Ma, a ben guardare, a ben leggere la sua cabala, e a ben ascoltare le evocazioni che raccoglie, altro non è che il cerimoniale di un rito.

«*Terrae Motus* nasce da una mia stretta adesione al tema. – Afferma Twombly. – Non vi sono implicazioni intellettuali o suggestioni letterarie. Per realizzare questo lavoro ho dovuto immaginare la scossa. Ho dovuto cioè farla diventare un mio stato fisico. È come se l'energia del terremoto fosse entrata in me e attraverso le mie mani fosse passata direttamente sulla tela. È un lavoro che ho fatto con gli occhi chiusi: non avevo bisogno di guardare». L'energia che dalla Terra passa alle mani conferisce al lavoro di Twombly un'aura mitica, e in questo senso la ritualità dei suoi gesti va ben oltre l'automatismo: l'artista è un catalizzatore fisico, ciò che per davvero gli può interessare non è tanto esemplificare tale forza, quanto ammassare gesti e segni in una sorta di magma primordiale, dal quale continuerà a propagarsi la creazione. Lungo questa direttrice Twombly scopre e si immerge nel Mito divenuto così idea generativa: non a caso gli elementi di riconoscibilità dei riferimenti in questione (Venere, Marte, Dioniso, Proteo, Priapo, ecc.) sono affidati soltanto ad una *scrittura* rarefatta: Twombly entra nel Mito compiendo con le mani i gesti degli *augures* e, con fare secordotale, verga i suoi segni ispirati. Indossa poi il manto di una sibilla che sa intendere il canto di Apollo Musagete e allo stesso tempo è capace di tradurre le note in segni chiarificati.

La purezza di spirito con cui l'artista si avvicina alla classicità, e all'apparato teorico ed espressivo dei suoi miti, non può farlo arenare nelle secche di una rappresentazione simbolica o – peggio ancora – mimetica: di Dioniso o si intende immediatamente, e per elezione, la sua forza vitale, e la sua *vis panica*, o si perseguono recidivi e formali luoghi comuni.

Nell'antichità gli artisti raggiungono il massimo dell'*astrazione* proprio nel momento in cui *l'idea* si fa *forma* e produce, per esempio, i fregi e le metope fidieschi del Partenone. Nell'arte contemporanea – continuando circolarmente il discorso – *l'astrazione* diventa espressione massima della *classicità* quando dell'idea resta un tracciato sintetico.

Twombly rintraccia la divinità in luoghi privilegiati, e Napoli è uno di questi: l'artista è consapevole allora di attraversare un territorio magico in cui l'eco del Mito non si è spenta mai: sopravvive negli occhi brucianti degli adolescenti, nelle pietre sconnesse e consumate da antica dignità d'una città che perennemente combatte tra luce e tenebre, in cui il sole è più abbagliante perché troppo scure sono le sue case e le sue strade. Negli arroganti e ingenui falli graffiati sui muri ritrova l'orma e l'allusione perenne di una vitalità mai soddisfatta. Ritrova la traccia del dio e ne raccoglie il canto in un segno impalpabile.

La forza del dio per essere evocata non ha più bisogno di cruenti sacrifici: se si è toccati dalla sua grazia basta tracciare il nome per confondersi nella sua luce.

... because the earth is tumbling down... (Alcaeus) by Michele Bonuomo

In Cy Twombly's painting signs crowd frenziedly on paper – his favorite support – and color is already there in its fibers. It leaves soft and hard, dense and rarefied traces: verisimilar reflections of homologous states of mind.

State of mind and support are strictly connected by a deep osmotic relationship; actually Twombly does not add anything to what is already there, and paper changes into a sort of gauze through which lacerations, wounds, orgasms and shapes are shown. Twombly, almost as an ancient priest, lays hands on paper and casts the spell: color thickens in a tangle, or spreads out lazily and sensually; it shrinks and expands with the same fits and pauses of living and pulsing matter.

Vitality of matter is in turn accelerated by the artist's gesture, which apparently seems casual, bewildering without any pretty wink.

But if we take a closer look at his cabala and if we listen carefully to the evocations that he brings to mind, then we will find that his work is nothing but the ceremonial of a rite.

«The realization of these works for the collection *Terrae Motus* – Twombly affirms – arises from my close affinity with the theme. There are neither intellectual implications nor literary suggestions. In order to accomplish this work, I had to imagine the shock, that is to say, I had to change it into a precise physical state, as if the energy that has upset the earth had penetrated my body and reached the surface through my hands. I did it keeping my eyes closed: there was no need to watch». The earth-generated energy flows through the artist's hands and suffuses Twombly's work with a mythical halo, and in this sense the ritualization of his gesture goes well beyond automatism: the artist is a physical catalyst of the earth energy and he is not so much interested in giving examples of this force, but rather in accumulating gestures and signs in a sort of primeval magma, which will continue to engender creation.

Along this guideline, Twombly discovers and plunges into the Myth which has become a generative idea, free at last from any symbolic value: it is not by chance that all references (Venus, Mars, Dionysus, Proteus, Priapus, etc.) be recorded only by a rarefied, cryptic and very pictorial *writing*. Twombly enters Myth by performing the same gestures of *augures* and, in a priest-like manner, draws his inspired signs. Then he wears the mantle of a sybil who is able to understand Apollo's chant and to spell out the notes in clarified signs. The purity of the American artist approaches classicism, and the expressive and theoretical apparatus of his myths cannot bog him down in a symbolic or – worse yet – mimetic representation: either we immediately understand, by affinity, Dionysus and his vital force, his *vis panica*, or we will repeat formal and recurrent commonplaces. In the ancient times, artists reached the apex of abstraction when the idea became a *form* that gave rise to Fidia's metopes and friezes of the Parthenon, for example. Twombly detects divinity in some privileged places, and Naples is one of them: the artist is aware that he is in a magic territory where the myth's echo has never died away: it survives in the youth's eyes, in stones disconnected by an old dignity, in a city which eternally struggles halfway through light and darkness, where sunshine is all the more dazzling because its houses and streets are too dark.

It finds again the perpetual traces of a never satiated vitality in the arrogant and ingenuous phalli drawn on the walls.

It finds again the traces of the deity and picks up his chant by an impalpable sign. The force of deity can now be evoked without bloody sacrifices: by his grace it is sufficient now to trace his name to share his light.

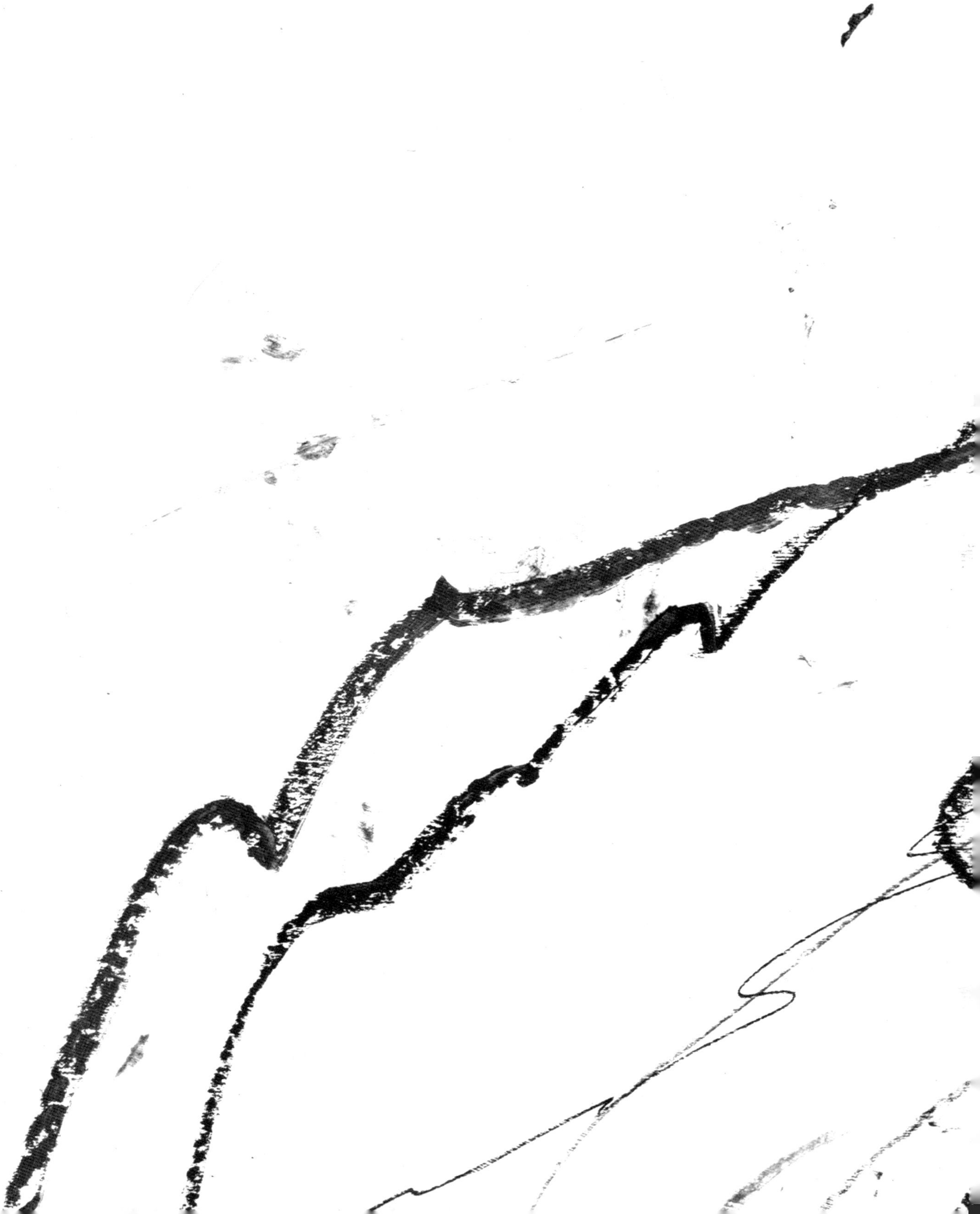

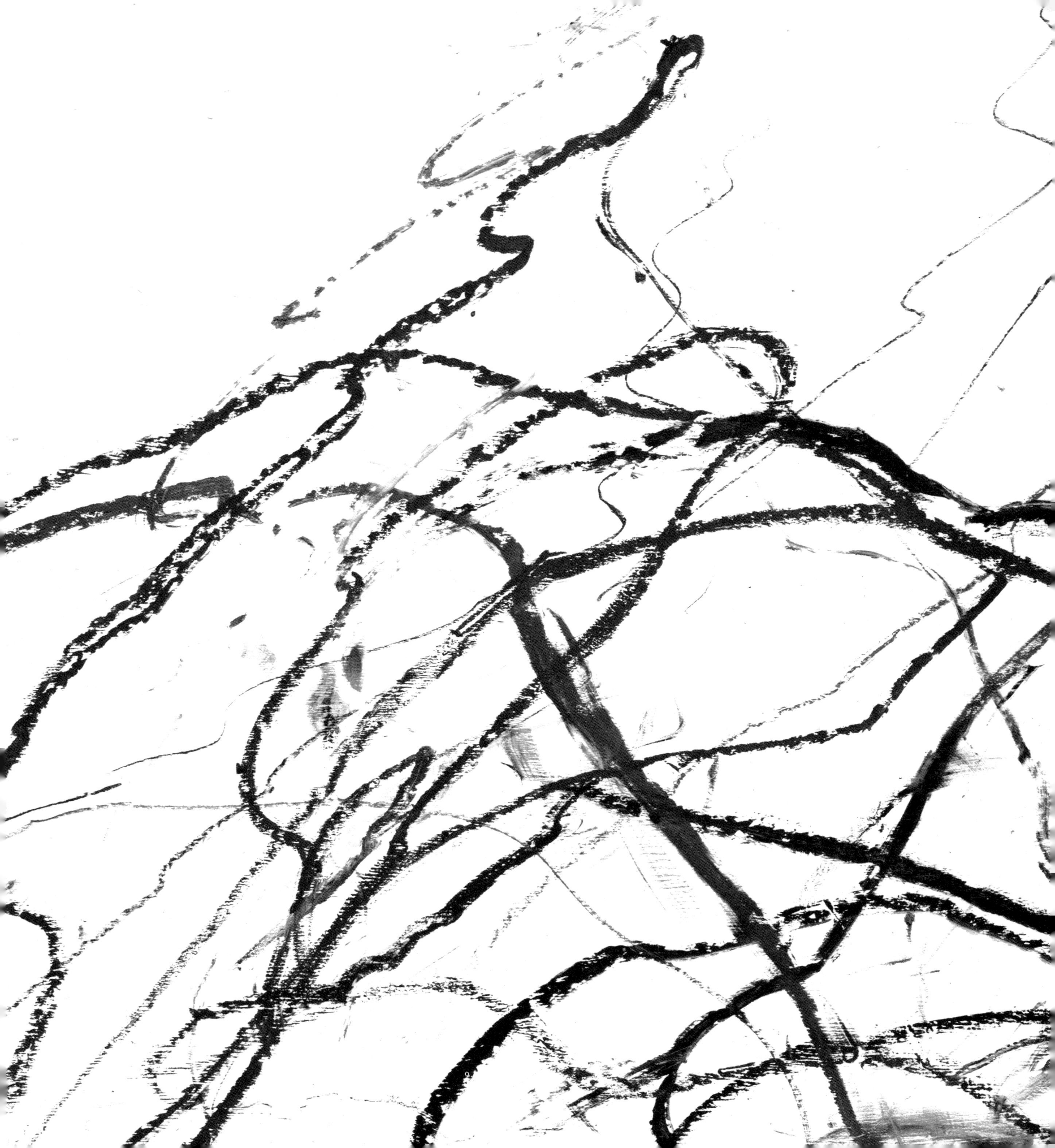

172

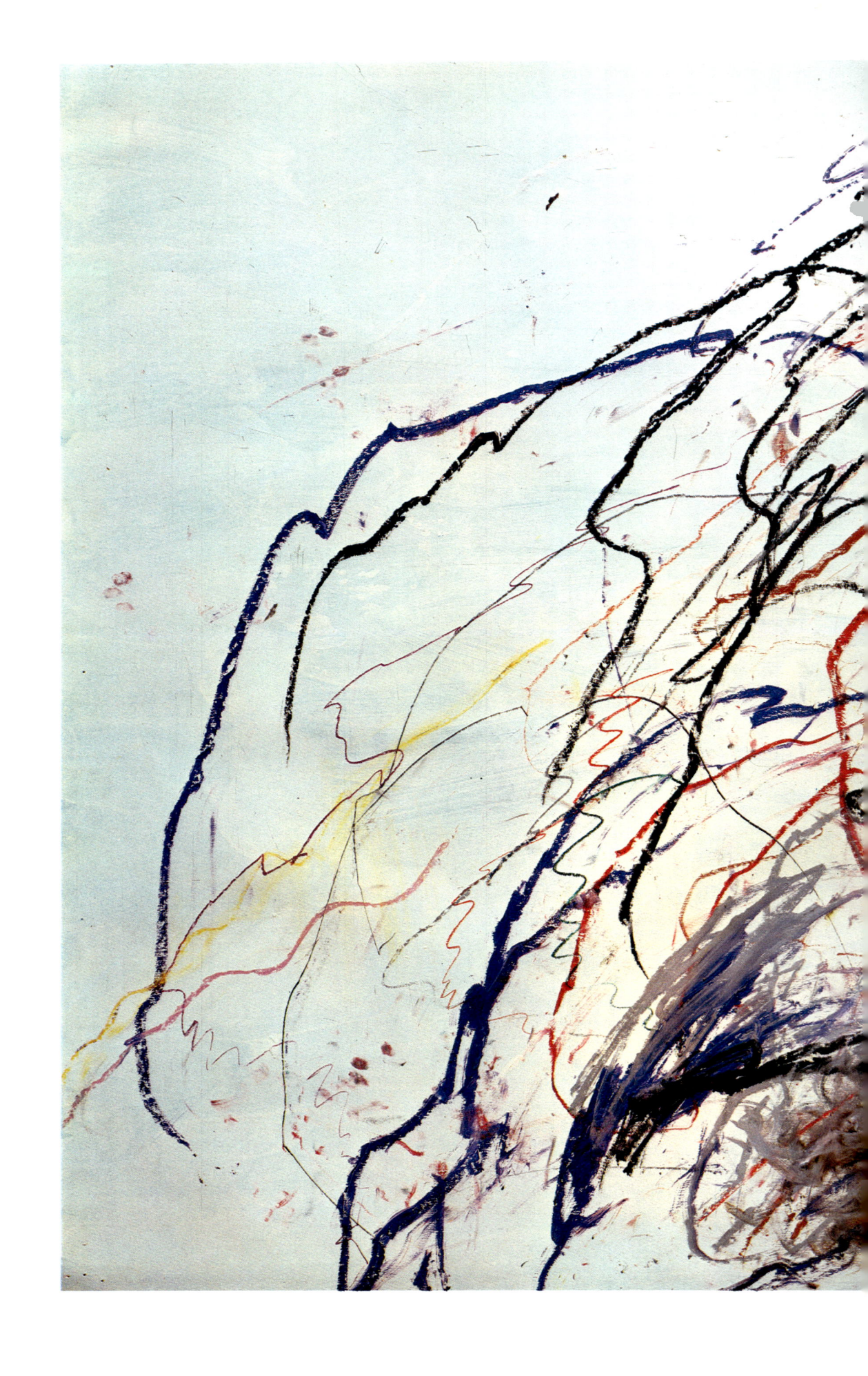

107

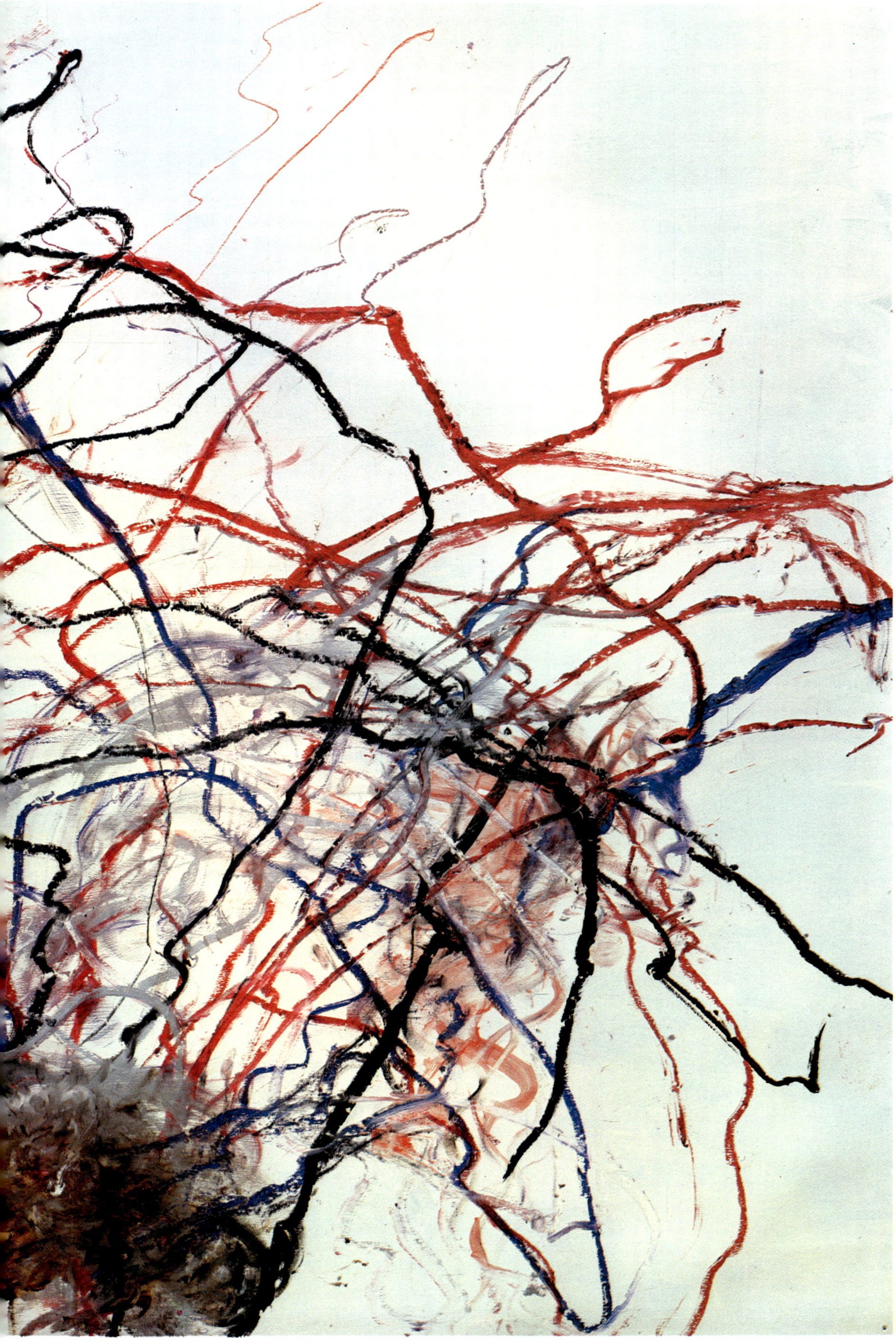

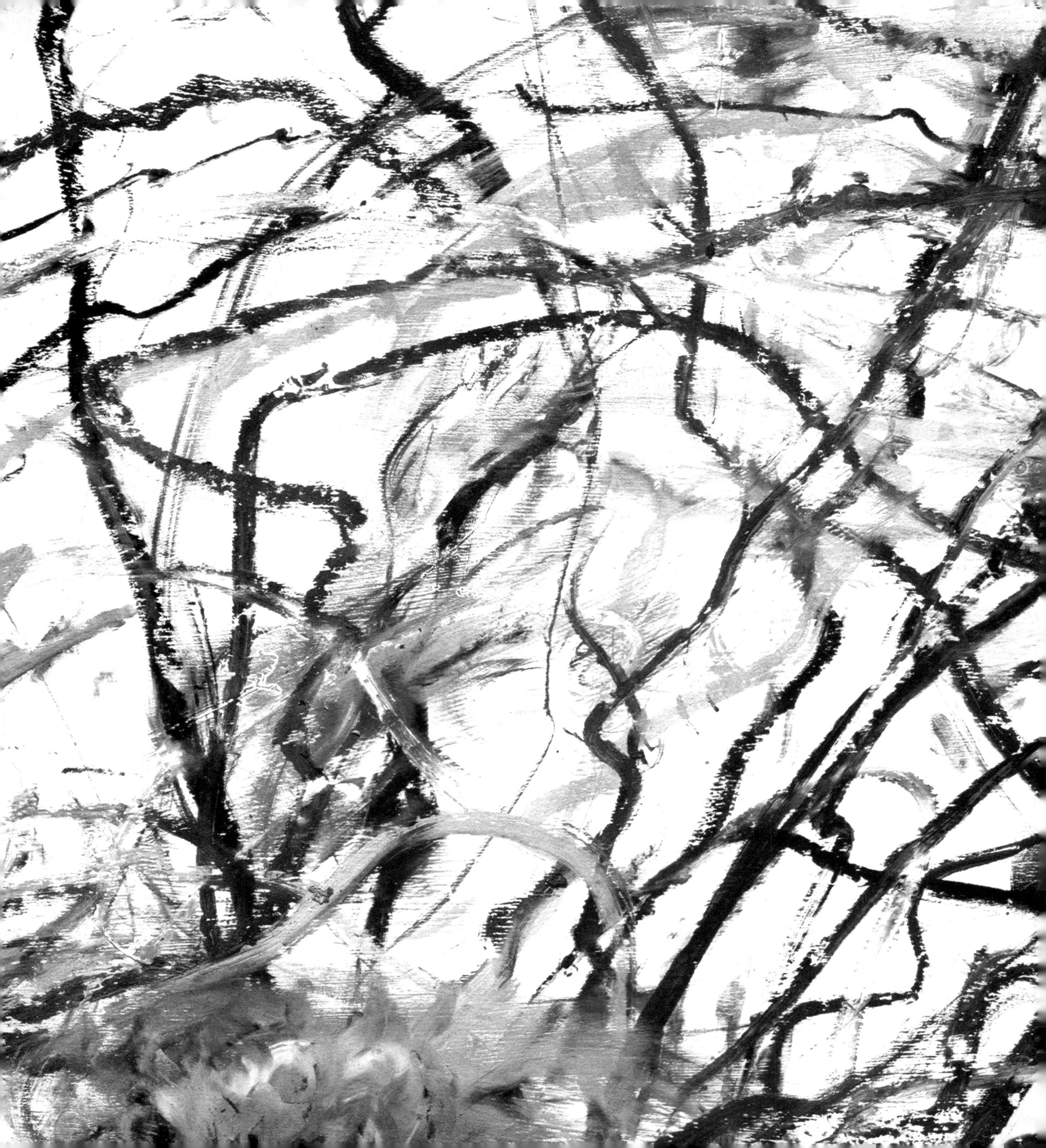

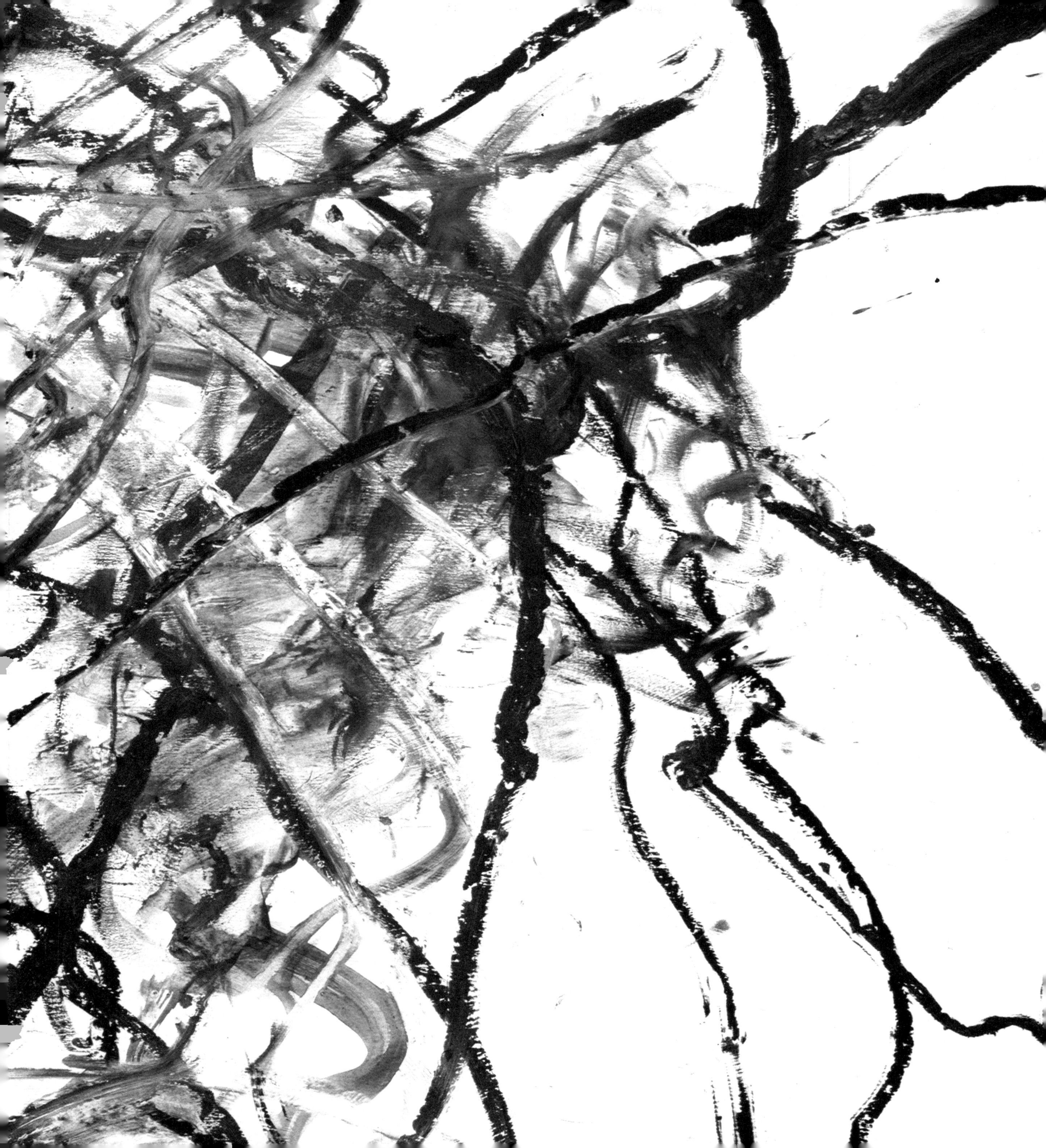

109

Andy Warhol

Intervista telefonica con Duncan Smith

Andy Warhol: Pronto.
Duncan Smith: Come va?
A. W.: So che sei più timido di me e che non volevi fare questa intervista.
D. S.: No, voglio farla. Ho letto le tue interviste, solo che non ho mai fatto un'intervista con qualcuno, in particolare con chi ha creato «Interview». Ti piace il progetto *Terrae Motus*? Lo trovi interessante?
A. W.: Certamente. Credo proprio che Lucio abbia fatto un grande lavoro. Non sarebbe divertente che proprio quando si apre la mostra venisse un nuovo terremoto?
D. S.: (risata) Hai visto in TV «Gli ultimi giorni di Pompei»?
A. W.: Mi è piaciuto molto. Adesso guardo sempre questi spettacoli, perché sono i migliori. Ne stanno facendo in questi giorni uno sulle prime Olimpiadi. Hai visto le prime tre puntate de «Gli ultimi giorni di Pompei»?
D. S.: Soltanto qualche frammento.
A. W.: E che facevi nelle pause?
D. S.: Andavo alla scuola serale! Però ho visto la scena del vulcano che erutta cenere. Non pensi che la gente che va a Napoli vorrebbe vedere eruttare il Vesuvio, proprio come ne «Gli ultimi giorni di Pompei»?
A. W.: Oh, penso proprio di sì. Per lo stesso motivo io non voglio andarci. Ero in Giappone durante un terremoto. Divertente...
D. S.: Hai avuto paura?
A. W.: No. Non so. Ho avuto le vertigini.
D. S.: Ma ci sono in Giappone grandi edifici che potevano schiacciarti?
A. W.: Come no. Una volta l'edificio di Frank Lloyd Wright fu l'unico a restare in piedi. In Giappone le case sono l'una addossata all'altra.
D. S.: Come hai avuto l'idea per il trittico «Fate Presto»? Hai visto qualche giornale qui, oppure...
A. W.: Lucio mi ha mandato molti giornali dall'Italia.
D. S.: In «Fate Presto» hai usato la prima pagina del giornale napoletano ripetuta tre volte. Sembra essere un ritorno alla serie dei «Disastri» da te dipinti nei primi anni Sessanta.
A. W.: Ah, e questo che pensi? Forse hai ragione.
D. S.: Quali immagini hai usato recentemente?
A. W.: Non so. Chiedi a Jean Michel Basquiat dei miei quadri. Lui sa tutto. Scusa, ma qui intorno c'è un casino terribile. Stiamo trasferendoci.
D. S.: E dove andate?
A. W.: Ci trasferiamo dalla 17ª alla 32ª strada.
D. S.: È migliore questo nuovo posto?
A. W.: Si, è migliore. E poi qui avevano aumentato di molto l'affitto.
D. S.: Ti si vede sempre insieme a Jean Michel. Ti piace molto il suo lavoro, vero?
A. W.: Oh, si.
D. S.: Ci sono altri giovani artisti che ti interessano e che sostieni?
A. W.: No, amo solo Jean Michel.
D. S.: Non credi che sia stato influenzato da te?
A. W.: No. Ecco, è arrivato.
Jean Michel Basquiat: Ciao.
D. S.: Ciao, Jean.
J. M. B.: Che succede?
D. S.: Hai sentito del progetto sul terremoto che Lucio sta portando avanti a Napoli?
J. M. B.: Terremoto!
D. S.: Hai pensato di fare anche tu un lavoro per questo progetto?
J. M. B.: Si, l'ultima volta che Bruno è arrivato a New York mi ha detto che

Interview with Duncan Smith

Andy Warhol: Hi.
Duncan Smith: How are you?
A. W.: I hear that you're shyer than I am and you don't want to do the interview with me.
D. S.: Oh, I want to do an interview with you. I've read your interviews, but I've never actually done an interview before, particularly with the person who started «Interview». Do you like the project *Terrae Motus*? Do you think it's an interesting project?
A. W.: Oh yeah. I thought what Lucio did was great. Wouldn't it be funny if by the time he does it, it all happens again?
D. S.: (laughs) Did you see the TV show, «The Last Days of Pompeii»?
A. W.: I loved it. I watch all those shows now because those are the best things. They're doing one on the first Olympics, I guess tomorrow, Sunday. Did you watch the three days of «The Last Days of Pompeii»?
D. S.: I saw only fragments of it.
A. W.: What were you doing in between?
D. S.: I was attending evening classes. But, I saw the scene where the volcano was hailing ash. Don't you think that when people go to Naples they really want the Vesuvius to blow up, just like what they saw on «The Last Days of Pompeii».
A. W.: Oh, I know. That's why I don't want to go there. I was in an earthquake in Japan. It was funny.
D. S.: Were you scared?
A. W.: No, well, I don't know, I just felt dizzy.
D. S.: But in Japan were there big stone buildings that could crush you?
A. W.: Sure. Before, the Frank Lloyd Wright building was the only one that was standing. Japan's wall-to-wall buildings.
D. S.: How did you get the idea for your triptych «Fate Presto»? Did you see newspaper reports here or...
A. W.: Lucio sent us a lot of them.
D. S.: In «Fate Presto», your choice to use the front page of the Neapolitan newspaper, repeated three times, seems to be a return to your disaster series of the early Sixties.
A. W.: Oh, you think so. I suppose it was.
D. S.: What kinds of images have you used recently?
A. W.: I don't know. Ask Jean Michel Basquiat about my paintings. He knows all about them. It's really crazy around here. We're trying to move.
D. S.: Where are you trying to move from?
A. W.: We're moving from here to there, from 17th Street to 32nd Street.
D. S.: Is the location better?
A. W.: Yeah, it is better. They just raised the rent a lot here.
D. S.: You're hanging out with Jean Michel a lot. You really like his work, don't you?
A. W.: Oh, yeah. Jean just came by for lunch.
D. S.: Are there any other younger artists who you really like and you encourage?
A. W.: No, I'm just in love with Jean Michel.
D. S.: Do you think that he's been influenced by you?
A. W.: No. Here he is.
Jean Michel Basquiat: Hello.
D. S.: Hey, Jean.
J. M. B.: What's cooking?
D. S.: Have you heard about this project that Lucio's doing in Naples, this earthquake project?

era una buona idea. E tu che ne pensi?

D. S.: Credo sia interessante. È sulla distruzione. Gli artisti ironizzano sull'argomento. Sanno che la distruzione capita in ogni momento, e quindi fare opere d'arte ne diffonde il trauma. Spesso molte delle vostre immagini hanno a che fare con il caos, con la distruzione o soltanto con la follia.

J. M. B.: Io potrei pensare ad un bel quadro per il terremoto, forse fatto soltanto con una linea. Ti pare?

D. S.: Certo.

J. M. B.: Una linea. Penso proprio di poter fare un bel quadro sul terremoto. Non so, ma mi sembra proprio un'idea curiosa.

D. S.: Jean, ma Andy è ancora lì.?

J. M. B.: Si, è ancora qui.

A. W.: Eccomi.

D. S.: Ti sto disturbando...

A. W.: Possiamo richiamarti più tardi per continuare...?

D. S.: Solo un'ultima domanda e basta. C'è qualche tuo lavoro che è stato distrutto in un disastro o in qualcosa del genere?

A. W.: Penso che a volte la pittura si stacca da qualche quadro.

D. S.: A Pompei gli affreschi romani sono stati completamente conservati dalla cenere.

A. W.: Ah, si?

D. S.: Per cui anche se il Vesuvio ha distrutto la città, molte opere d'arte si sono salvate.

A. W.: Fantastico.

D. S.: Andy, sei un vampiro?

A. W.: No. Sono una vampira, anzi una vamplex. Aspetta, c'è Jean Michel che mi dice qualcosa. OK.

D. S.: OK. grazie molto.

J. M. B.: Terremoto.

D. S.: Have you thought of maybe doing a work for it?

J. M. B.: Yeah, the last time Bruno was in town he told me he thought it was a good idea. What do you think?

D. S.: I think it's interesting. It's about destruction. Artists are very ironic about it. They know that destruction happens all the time, so making works of art diffuses the trauma of it. Sometimes, a lot of your images have to do with chaos, or destruction, or just complete spiritual frenzy.

J. M. B.: I could think of a very nice picture for an earthquake, just like a line, maybe. Right?

D. S.: That's true.

J. M. B.: A line. I could do an earthquake painting I guess. I don't know. Seems like a funny kind of commission.

D. S.: Jean, is Andy still around?

J. M B.: Yeah, hold on.

A. W.: Oh, hi!

D. S.: Am I bothering...

A. W.: Could we call you back and do some more...?

D. S.: Just one more question, and that will be it. Have any of your works been destroyed in transit or disasters or anything?

A. W.: I think the paint falls off.

D. S.: In Pompeii, those Roman paintings were preserved completely by the ashes.

A. W.: Oh really.

D. S.: So even though the Vesuvius destroyed that town, many works of art were saved.

A. W.: Oh great.

D. S.: Andy, are you a vampire?

A. W.: No. I'm a vampira, no, a vamplex. Oh, no, Jean Michel is talking to me. OK.

D. S.: OK, thanks a lot.

110

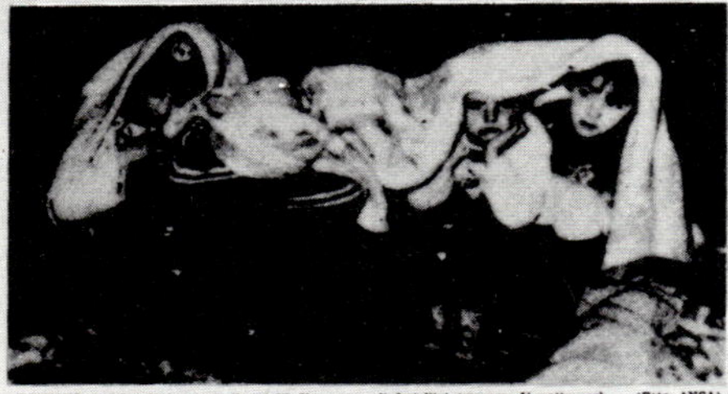

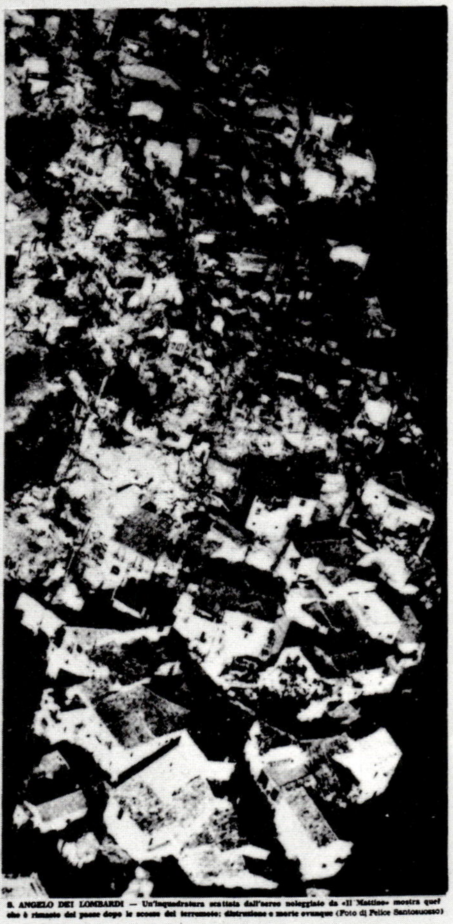

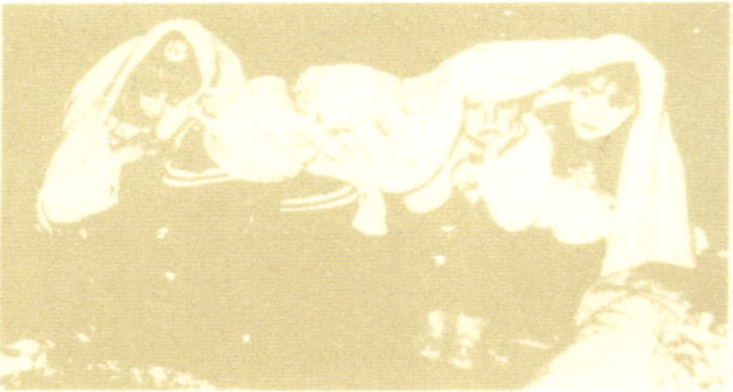

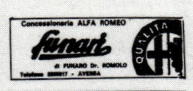

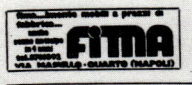

112

113

Fima ... Fima ... via Marsillo - Quarto (Napoli)

IL MATTINO

Concessionaria ALFA ROMEO Funari

L. 400 - Spedizione in abbonamento postale - Gruppo 1/70 — Redazione, Amministrazione, Tipografia: Via Chiatamone 65 - 80121 Napoli - Tel. 411.422 — Anno LXXXIX - N. 301 - Mercoledì 26 Novembre 1980

CRESCE IN MANIERA CATASTROFICA IL NUMERO DEI MORTI (SONO 10.000?) E DEI RIMASTI SENZA TETTO (250.000?)

FATE PRESTO

per salvare chi è ancora vivo per aiutare chi non ha più nulla

BALVANO. — I bambini sono i più colpiti. Un gruppo di fratellini trascorre la notte così (Foto ANSA)

SOCCORSI LENTI SALE LA RABBIA

Ettore Serio

NAPOLI DEVE TORNARE A VIVERE

NON conosciamo il numero dei morti, né quello dei feriti. Non sappiamo quante persone siano rimaste senza tetto, quante case siano crollate, quante siano inabitabili in Irpinia, nel Salernitano, in Lucania e Napoli stessa. Un bilancio è impossibile.

Arturo Fratta

Carlo Franco

14 pagine sulla catastrofe

S. ANGELO DEI LOMBARDI — Un'inquadratura scattata dall'aereo noleggiato da «Il Mattino» mostra quel che è rimasto del paese dopo le scosse del terremoto: distruzione e morte ovunque (Foto di Felice Santostasio)

114

129 DIE IN JET!

New York Mirror, Monday, June 4, 1962

116

Bill Woodrow

Intervista con Michael Newman

Michael Newman: Come è cambiato il tuo lavoro negli ultimi due anni?

Bill Woodrow: Penso di essermi preoccupato meno del soggetto, permettendo al lavoro di diventare più personale. Mi piace fare questi nuovi lavori perché sono più enigmatici. Non potrei fornire un'analisi coerente di queste immagini, ma mi sembrano corrette, in un modo o in un altro, come un poema, come un insieme di parole sistemate al posto giusto. Nei miei lavori precedenti il significato era più immediato, e cioè la relazione tra un oggetto di consumo e qualcosa d'altro. In quel caso non soltanto dovevo immaginare la relazione tra i due oggetti, ma anche tener conto di chi l'avrebbe guardato. Ora invece posso operare in una dimensione di maggiore libertà. E tuttavia, anche in questo genere di lavoro si pongono dei problemi.

M. N.: Spesso nel tuo lavoro esiste una qualità apocalittica, come se il lavoro si determinasse tra la preistoria del fossile e la «post storia» della fine, quando il pianeta sarà privo della presenza umana.

B. W.: Come tu ben sai, io non ho mai rappresentato delle persone. Non lo escluderei, ma fino ad ora ho voluto fare cose che indicassero una presenza, sia una presenza del passato, sia una possibile presenza del futuro. Nel lavoro che ho fatto per Napoli c'è uno strano senso di passato e di futuro.

M. N.: Ci sono numerosi elementi diversi presenti in questo lavoro. Il fiore e le manette, il barile di legno, ed una cassetta metallica per attrezzi usata come base. Quasi un monumento ironico.

B. W.: Il monumento era una delle cose alle quali pensavo quando l'ho fatto. Avevo la cassetta degli attrezzi, l'ho girata sottosopra, come faccio con molti oggetti che uso. Ed ho scoperto che aveva la caratteristica di una serie di gradini ed una fortissima simmetria, che suggeriva i gradini di un monumento. Pensavo di fare un lavoro per la città, ed avevo un'idea chiara di che cosa succede ad una città colpita dal terremoto, dopo averne vista una in Sicilia completamente devastata. Avevo anche questo barile da pescatore, che aveva molte caratteristiche peculiari: era come una gabbia con una porticina. E la forma somigliava ad un frutto strano.

M. N.: È anche una forma fallica, una sorta di colonna monumentale, oppure una bomba.

B. W.: Il lavoro è stato un tentativo di combinare gli elementi naturali del materiale, essendo simile ad un frutto, con l'idea di un monumento per la città. Quando una città è distrutta, e questo barile è semidistrutto, la natura prende il sopravvento, come la giungla che avanza. Ed allo stesso tempo una città può ricrescere. Le manette poi sono un prodotto della vita di una città, forse il risultato di un eccesso. Così, mentre un bel fiore cresce e continua a dare frutta, esistono anche le spine sulla pianta.

M. N.: Mi sembra che il tema del terremoto abbia messo in luce un doppio aspetto molto significativo del tuo lavoro, la dialettica tra creazione e distruzione. Adoperare cose distrutte o frammenti di oggetti d'uso, e ricreare qualcosa da loro, suggerisce la nozione di rinascita. Tu riconosci gli aspetti pessimistici dell'esistenza contemporanea, l'enorme capacità distruttiva della razza umana, ma dici anche che all'interno di questo retroterra di pessimismo la gente deve continuare a vivere ogni giorno, continuare a lottare ogni giorno, e tirar fuori qualcosa da tale condizione. E forse soltanto a questo livello può esprimersi ottimismo. La gente deve imparare a costruire la propria vita dalle rovine, come tu fai nel tuo lavoro. Si innesca un processo pieno di speranza.

Interview with Michael Newman

Michael Newman: Could you describe the change that your work has gone through over the past year or two?

Bill Woodrow: I think that I have become more relaxed about the subject matter and have allowed the work to become more personal. I enjoy making some of the works because they're very enigmatic. I couldn't necessarily give a coherent analysis of the images, but they feel 'correct', in some way or another, like a poem, as a collection of words, that seem to fit in some way. The early works that I made were very straightforward, in that there was a consumer item, and something connected to it. I had to figure out the relation in the making of it, and also the audience looking at it. Now, I think that has loosened to the extent that the initial material is less dominant in its demands, but not less dominant in its actual identity. So I'm able to have a much freer or wider area of things that I can do. But, even in these kinds of works, issues tend to creep in.

M. N.: Much of your work has a certain apocalyptic quality, as if the works exists between the pre-history of the fossil and the post-history of the end – the planet deprived of human presence.

B. W.: As you're aware, I've never made people. I wouldn't rule it out, but up to now I've wanted to make things that indicate a presence, either a past presence or a possible future presence. The work I've made for Naples has a strange sense of both – past and future.

M. N.: There are several different elements involved in that work. The flower and the handcuffs, the wooden float, and the metal tool box, used as a base. It's almost an ironic monument.

B. W.: A monument was one of the things that I was thinking about when I made it. I had the tool box, and I turned it upside down, as I do with most objects, looking at them this way and that. And, I found out that it had the quality of a series of steps, and a very strong symmetry, which suggested the steps of a monument. I was thinking about making a work for a city, and I had a good idea of what happens to a city in an earthquake, having seen a town in Sicily, ravaged by an earthquake. I also had this wooden fishing float, which had a lot of peculiar properties – it's like a cage, because there's a door in it. And, its shape was like some bizarre sort of fruit.

M. N.: It's also a phallic shape, like a monumental column, or a bomb?

B. W.: The work was an attempt to combine the natural element of the material – it's being like a fruit – with the idea of a monument to a city. When a city is destroyed, and this float *is* half destroyed, nature takes over, like the jungle creeping in. And, at the same time, a city can grow again. The handcuffs are a product of city life, maybe the result of excess. So, while a beautiful flower is growing and giving forth fruit, there are also thorns on the plant.

M. N.: It seems to me that the theme of the earthquake has brought out a very significant double aspect to your work – the dialetic between creation and destruction. Your using destroyed things like ruins or fragments of our material culture, and your creating something out of them, suggests the notion of rebirth. You acknowledge the more pessimistic aspects of contemporary existence, the enormous capacity to destroy the human race, but you also say that against this background of pessimism, people have to live their daily lives, their daily struggles, and make something out of them. And, perhaps that's the level on which optimism can be expressed. People must construct their lives out of debris in the way in which you make your work. It becomes a very hopeful process.

117

118

119

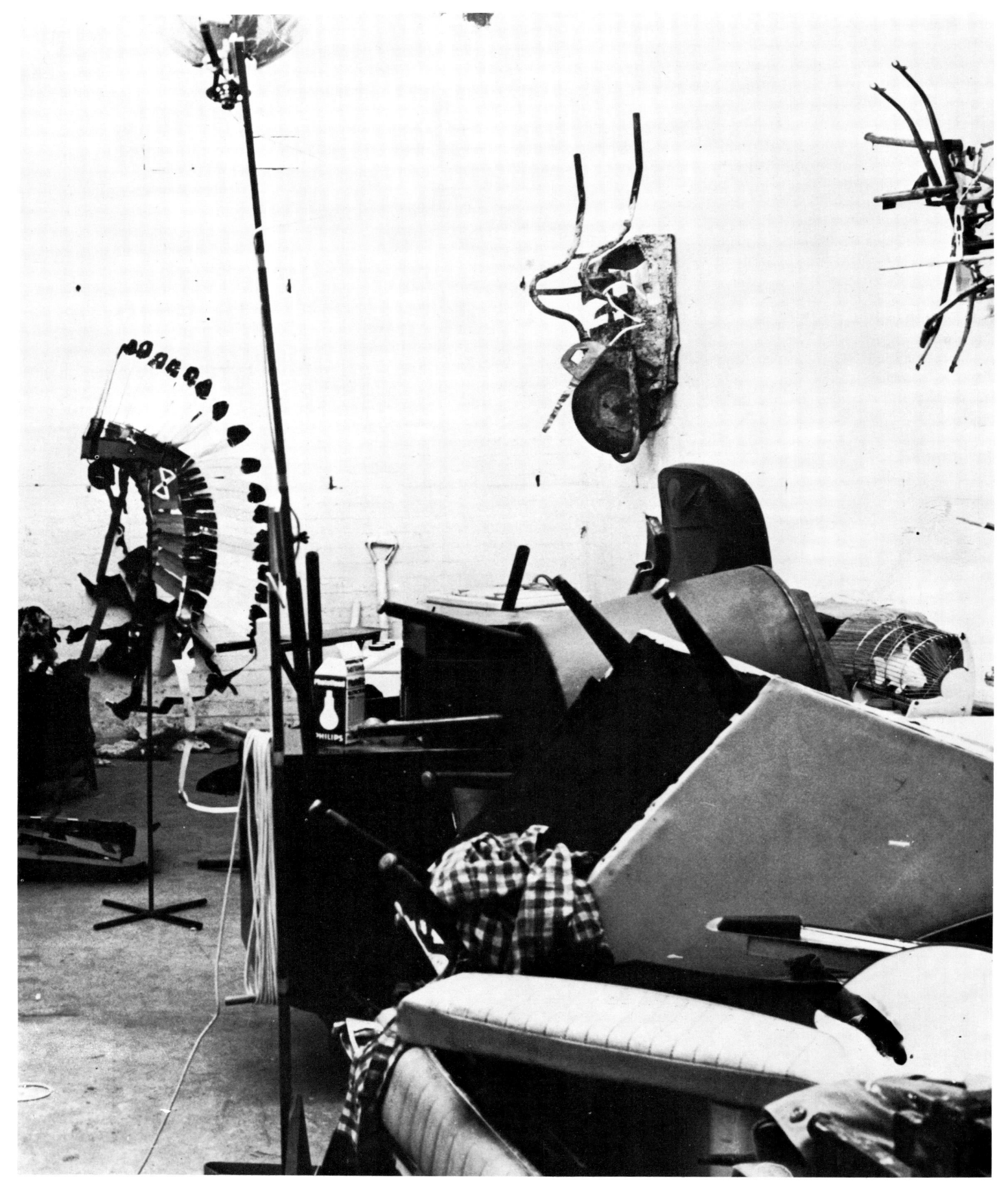

Bibliografia / Bibliography

Lisa Dennison and Diane Waldman, *Nino Longobardi*, in *Italian Art Now: an American Perspective* (catalogo), The Solomon R. Guggenheim Museum, New York, 1982.

Marina Guardati, *Quella tragedia a pennellate*, in «Paese Sera», 17 Febbraio 1982.

Mostra sul terremoto: lettera a Valenzi, in «Paese Sera», 19 febbraio 1982.

Maurizio Valenzi, *Perché organizzarsi solo per protestare?*, in «Paese Sera», 28 Febbraio 1982.

Donatella Gallone e Gino Grassi, *La mostra del terremoto spacca gli artisti napoletani*, in «Napoli Oggi», 10 Marzo 1982.

Donatella Gallone, *La mostra del terremoto. Il Comune difende il suo operato*, in «Napoli Oggi», 17 Marzo 1982.

Danny Berger, *Nino Longobardi in New York: an interview*, in «The Print Collector's Newsletter», maggio-giugno 1982.

Michele Bonuomo, *Operazione Terrae Motus*, in «Il Mattino», Napoli 28 Novembre 1982.

Paolo Stampa, *Lucio Amelio, l'arte e l'uomo*, in «Napolicity», Dicembre 1982.

Michele Bonuomo e Carlo Franco, *Il primo scossone di Terrae Motus viene da Andy Warhol*, in «Il Mattino», Napoli, 2 Dicembre 1982.

Ela Caroli, *Così Terrae Motus scosse il pianeta dell'arte moderna*, in «Unità», 2 Dicembre 1982.

Vitaliano Corbi, *Costituita la Fondazione Amelio: la prima mostra è con Andy Warhol*, in «Paese Sera», 2 Dicembre 1982.

Paolo Ricci, *Terrae Motus? Secondo me non ha scosso il pianeta dell'arte*, in «Unità», 9 Dicembre 1982.

C. G., *È stata istituita la Fondazione Amelio*, in «Napoli Oggi», 15 Dicembre 1982.

Michele Bonuomo, *Terrae Motus - Fate Presto*, in *Art. 82, le mostre e i protagonisti dell'arte contemporanea nel mondo*, «Annuario Idealibri 1983», Milano 1983.

Dominique Fernandez, *Journal du tremblement de terre*, in *Le volcan sous la ville*, Paris 1983.

Lucio Amelio, *Lo spazio della galleria, un universo*, in «Intervallo», Cosenza, Gennaio 1983.

Michele Bonuomo, *Bianco e nero*, in «Il Mattino», Napoli, 14 Gennaio 1983.

Michele Bonuomo, *Una visione nera*, in «Il Mattino», Napoli, 27 Gennaio 1983.

Joan Nickles, *Trembles in Naples arts*, in «Daily American», 29 Gennaio 1983.

Guido Piccoli, *Terremoto permanente*, in «Il Mondo», 31 Gennaio 1983.

Anonimo, *Lucio Amelio e il Terrae Motus*, in «Domus», 636, Febbraio 1983.

Adelaide Messina Trabucco, *Il Terrae Motus di James Brown*, in «Dossier Sud», Salerno, 19 Febbraio, n. 23.

Martin Kunz, *Longobardi: una rappresentazione di eros e morte*, in catalogo della mostra di Longobardi al Kunstmuseum di Luzern, 20 Febbraio - 24 Aprile 1983.

Ela Caroli, *A Napoli l'artista tedesco che dipinge fotografie*, in «Unità», 7 Aprile 1983.

Antonio d'Avossa, *L'importanza della subway* (intervista a Keith Haring) in «Sogno», n. 31, maggio-giugno 1983.

Michele Bonuomo, *I geroglifici del futuro*, in «Il Mattino», Napoli 5 Maggio 1983.

Francesco Durante, *Dalla testa alla mano, e poi al muro*, in «Il Piccolo», Trieste, 5 Maggio 1983.

Fulvio Abbate, *Dovunque passa lascia graffiti*, in «L'ora», Palermo, 25 Maggio 1983.

Franco Miracco, *Il nomadismo espressivo di Keith Haring*, in «Il Manifesto», 25 Maggio 1983.

Ela Caroli, *Sbarca a Napoli il profeta dei graffiti metropolitani*, in «Unità», 1 Giugno 1983.

L. T., *Sul Terrae Motus io mi faccio la Fondazione*, in «Il Giornale dell'arte», 3, Milano, Luglio-Agosto 1983.

Michele Bonuomo, *Keith Haring: intervista al più egizio dei pittori newyorkesi*, in «Frigidaire», 34, Settembre 1983.

Felice Piemontese, *L'uomo in gessetto*, in «Panorama», 5 Settembre 1983.

Finito di stampare
a Napoli nel luglio 1984
per conto di Electa Napoli

Fotocomposizione IODICE
Fotolito SOMEAZA
Fotoincisione CENTRO DMS
Stampa LA BUONA STAMPA
Allestimento LEGATORIA TONTI